Einführung in die Feinstruktur von Zellen und Geweben

Von Keith R. Porter, Ph. D.
Department of Biology, Harvard University, Cambridge

und Mary A. Bonneville, Ph. D.
Department of Biology, Brown University, Providence, Rhode Island

Springer-Verlag Berlin Heidelberg GmbH 1965

Titel der amerikanischen Originalausgabe:
"An Introduction to the Fine Structure of Cells and Tissues"
By
Keith R. Porter and Mary A. Bonneville
Verlag: Lea & Febiger, Philadelphia, Pennsylvania, U.S.A.
Copyright © der Originalausgabe 1964 by Lea & Febiger
Library of Congress Catalog Card Number: 64-7516
Deutsche Übersetzung der zweiten Auflage
von Dr. H. F. Kern
Anatomisches Institut der Universität Heidelberg

Alle Rechte vorbehalten. Ohne ausdrückliche Genehmigung des Verlages ist es auch nicht gestattet, dieses Buch oder Teile daraus auf photomechanischem Wege (Photokopie, Mikrokopie) oder auf andere Art zu vervielfältigen.

© Springer-Verlag Berlin Heidelberg 1965
Ursprünglich erschienen bei Springer-Verlag · Berlin · Heidelberg 1965
Softcover reprint of the hardcover 1st edition 1965

Library of Congress Catalog Card Number 65-22870.

ISBN 978-3-642-86511-4   ISBN 978-3-642-86510-7 (eBook)
DOI 10.1007/978-3-642-86510-7

Titel-Nr. 1293

Geleitwort

Der Unterricht in allen Bereichen der Biologie und damit auch der Anatomie ist ohne Heranziehung der gesicherten Ergebnisse elektronenmikroskopischer Forschung nicht mehr denkbar. Das gilt insbesondere für die Cytologie. Die vorliegende deutsche Ausgabe des Atlas von PORTER/BONNEVILLE ist deshalb als eine Ergänzung zu den Lehrbüchern der Anatomie und Histologie gedacht. Sie soll den Studenten instruktives Anschauungsmaterial vermitteln.

Die Abbildungen zeichnen sich durch technische Vollkommenheit der Originalaufnahmen und der Reproduktion aus. Der Text ist kurz und so klar gefaßt, daß auch der Anfänger sich mit den Grundstrukturen der Zellen vertraut machen kann. Es liegt im Wesen des Elektronenmikroskopes, daß nicht jeder Studierende am Gerät selbst arbeiten kann wie in der Lichtmikroskopie. Die große Mehrheit der Studierenden wird auch in Zukunft auf elektronenmikroskopische Mikrophotogramme und entsprechend gute Reproduktionen angewiesen sein. Ich bin daher überzeugt, daß sich der Atlas unter den Studenten viele Freunde erwerben wird.

Prof. Dr. H. FERNER

Heidelberg, im April 1965

Preface to German Edition

This collection of electron micrographs and associated legends has been assembled primarily to give the student of histology and cell biology a compact account of the more significant information currently available on cell and tissue fine structure. It does not pretend to replace textbooks of histology, but attempts rather to supplement these and other standard references in their coverage of these subjects. We have chosen to reproduce the micrographs as full page illustrations because for teaching purposes there is much to recommend the larger picture. Such enlargements coincide with the impression of magnification associated with electron microscopy. Then too they provide in one picture details of cell and tissue relationships besides showing a lot of intracellular fine structure. And finally, they succeed in relatively few micrographs in conveying a substantial part of the new knowledge that has come from electron microscopy of cells and tissues and is valuable for the beginning student.

To a very large extent, the pictures reproduced in this atlas originated in the Laboratory for Cell Biology at Harvard University and have not been published elsewhere. The authors are pleased to acknowledge the assistance of Miss SUSAN BADENHAUSEN with some of the electron microscopy and the expert help of Mr. ROBERT DELL in preparing the photographic reproductions of the original micrographs. Mrs. HELEN LYMAN drew the text figures for Plates 2, 25, and 27. Dr. IAN GIBBONS generously supplied the original for the inset on Plate 6, Dr. S. DE PETRIS that for text figure 21a, and Dr. T. S. REESE that for text figure 32a. Finally, thanks are due as well to several friends who have provided criticism and advice, and most especially to Drs. HELEN DEANE, NED FEDER, and S. C. CHEM.

KEITH R. PORTER
MARY A. BONNEVILLE

Cambridge, Massachusetts
Providence, Rhode Island

Anmerkungen zur Technik

Infolge der besonderen Konstruktion und Arbeitsweise des Elektronenmikroskops muß der Forscher spezielle Techniken bei der Bearbeitung seines Untersuchungsmaterials anwenden. Eine dieser Besonderheiten ist das Hochvakuum, das in der Säule des Elektronenmikroskops erzeugt werden muß, während das Gerät arbeitet. Es liegt auf der Hand, daß Zellen oder anderes Untersuchungsmaterial, welche diesem Vakuum ausgesetzt sind, nicht lebend oder wäßrig gehalten werden können, wenn man die üblichen Bedingungen des Mikroskops einhalten will. Das Untersuchungsmaterial muß vielmehr in einer Form konserviert oder „fixiert" werden, die möglichst genau dem lebenden Zustand entspricht. Obwohl man eine Menge von chemischen Reagenzien für die Fixation benutzen kann, hat doch keines größere Vorzüge als Osmiumtetroxyd (OsO_4). Was die Erhaltung der genauen Form des lebenden Untersuchungsmaterials anbetrifft, reagiert es unterschiedlich mit den verschiedenen Zellbestandteilen. Durch die ungleichmäßige Verteilung der Osmiumatome werden die Dichteunterschiede im Untersuchungsmaterial derartig verstärkt, daß es wie gefärbt erscheint. Dieser Effekt ist wichtig, um dem Bild genügend Kontrast zu verleihen und so dem Beobachter zu erlauben, Struktureinheiten auch dort voneinander zu unterscheiden, wo die natürlichen Dichteunterschiede nicht ausreichend wären. Ungeachtet dieser offensichtlichen Vorzüge von OsO_4 geht die Suche nach besseren Reagenzien weiter, und in jüngster Zeit haben Forscher gefunden, daß Formaldehyd und Glutaraldehyd dem Osmiumtetroxyd vorzuziehen sind, wenn man die Gesamtheit der Formbestandteile erhalten will, welche die Feinstruktur der Zelle bilden.

Ein weiteres Problem der Präparation des Untersuchungsmaterials ergibt sich aus der Tatsache, daß der Elektronenstrahl nur eine dünne Schicht von organischem Material durchdringt. Um dieser Schwierigkeit zu begegnen, muß der Untersucher außerordentlich dünne Schnitte herstellen, die nicht dicker als 0,05 bis 0,1 μ sind. Deshalb wird das Untersuchungsmaterial bei der Vorbereitung zum Schneiden zuerst mit Alkohol entwässert und dann mit einem Harz oder mit einer Plastikmasse in monomerer Form durchtränkt. Diese wiederum werden durch Hitze und Katalysatoren polymerisiert, und das so eingebettete Gewebe ist hart genug, um auf speziell für diesen Zweck konstruierten Mikrotomen mit einem Glas- oder Diamantmesser geschnitten zu werden. Die dünnen Schnitte kann man zusätzlich mit einem Schwermetallsalz wie Blei oder Uran färben, und das Präparat ist fertig für die Mikroskopie.

Alle Aufnahmen in diesem Atlas wurden mit einem Philips 200 Elektronenmikroskop (EM) gemacht. Dieses Instrument ähnelt anderen üblicherweise verwendeten Geräten, und sein Auflösungsvermögen ist mindestens 100mal größer als das eines Lichtmikroskops. Dadurch ist es möglich, mit dem EM Bilder von 40000- bis 50000facher Vergrößerung zu machen und dabei Punkte zu trennen oder aufzulösen, die 10 Angström-Einheiten (10 Å) voneinander getrennt liegen. Für viele Zwecke jedoch, besonders um einen ersten Eindruck von der Feinstruktur einer Zelle oder einem Gewebe zu erhalten, sind schwächere Vergrößerungen zu bevorzugen. Deshalb sind viele Originale dieser Abbildungen bei 3000- bis 5000facher Vergrößerung aufgenommen und dann photographisch nachvergrößert worden.

Wenn man den Vergrößerungsmaßstab kennt, kann man natürlich die Länge der Objekte im Bild messen. Dies wird allgemein unter Angabe kleiner Längeneinheiten getan: Mikron (μ), Millimikron ($m\mu$) und Angström-Einheit (Å). In diesem Zusammenhang möge der Student sich ins Gedächtnis zurückrufen:

$1\ \mu = 1/1000$ Millimeter (mm),
$1\ m\mu = 1/1000$ Mikron (μ),
$1\ Å = 1/10$ Millimikron ($m\mu$).

Daraus ergibt sich, daß in einer Aufnahme von 1000facher Vergrößerung die Länge eines μ im Bild 1 mm entspricht oder bei 30000facher Vergrößerung 1 μ im Bild 30 mm lang ist. Teile dieser Entfernungen, die mit einem Millimeter-Maßstab oder einem Zirkel gemessen werden, können leicht in $m\mu$ oder Å übertragen, und so kann auch die Länge des Bildobjektes festgelegt werden.

Verzeichnis der Abkürzungen und Symbole

A̲	A-Streifen	Lu	Lumen
a, b, c, d	Zone der Glanzstreifen (disci intercalares)	Ly	Lysosomen
Ak	Akrosom	M̲	M-Streifen
Ar	Arteriole	M	Mitochondrium
As	Alveolarsäckchen	Mb	Mikrobody
BG	Bindegewebe	Mt	Mikrotubulus
BK	Basalkörper	Mv	Mikrovilli
BM	Basalmembran	My	Myelin
C	Zilie	N	Nukleus
Ca	Canaliculus	NE	Nervenendigung
Ce	Zentriole	Nf	Neurofilamente
Cr	Crista	NF	Nervenfaser
D	Desmosomen	Ng	Neuroglia-Zelle
E	Erythrozyt	Ni	Nissl-Substanz
EM	Elementarmembran	O	Ovum
EL	Elastische Faser	P	Pore
Ell	Ellipsoid	PG	Pigmentgranulum
En	Endothel	PM	Plasmamembran
Ep	Epithel	PZ	Pigmentzelle
ER	Endoplasmatisches Retikulum	R	Ribosom
F	Fibrozyt	RB	Riechbläschen
FA	Faltenapparat	Ri	Rinne
FB	Fusiformes Bläschen	RK	Riechkegel
Fe	Ferritin	SchT	Schleimtropfen
FF	Fußfortsatz	SK	Staubkörnchen
FH	Fibröse Hülle	Sn	Sinusoid
Fl	Filament	Sp	Spalt
Fo	Fortsatz	SR	Sarkoplasmatisches Retikulum
G	Golgi-Apparat	St	Stiel
Gk	Gallenkapillare	ST	Sekrettropfen
Gl	Glykogen	SZ	Schwannsche Zelle
GM	Glatte Muskulatur	T	Tonofilamente
GR	Grübchen	TN	Terminales Netzwerk
Gr	Granulum	Tz	Thrombozyt
H̲	H-Streifen	Tu	Tubulus
H	Hämoglobin	TR	Terminalriegel
HA	Hämosiderin-Ablagerung	TS	Tubuläres System
I̲	I-Streifen	UER	Ungranuliertes Endoplasmatisches Retikulum
Ko	Kollagen		
Kp	Kapillare	V	Vesikulum
KR	Kapselraum	Z̲	Z-Streifen
L	Lipoid	Z	Zymogengranulum
LF	Liquor folliculi	ZP	Zona pellucida

Verzeichnis der Tafeln

Feinstruktur der Zelle
    1. Parenchymzelle der Leber
    2. Zellorganellen

Sekretorische Epithelien
    3. Exokrine Pankreaszelle
    4. Endokrine Pankreaszelle
    5. Belegzellen des Magens

Epithelgewebe
    6. Resorptives Zylinderepithel des Darmes
    7. Flimmerepithel der Trachea
    8. Interalveolarseptum der Lunge
    9. Keimschicht der Epidermis
    10. Übergangsepithel
    11. Nierenkörperchen
    12. Zellen des proximalen Tubulus contortus

Gewebe der Geschlechtsorgane
    13. Follikel des Ovars
    14. Keimzellen des Hodens
    15. Zwischenzellen des Hodens

Binde- und Stützgewebe
    16. Bindegewebe der Lamina propria
    17. Knorpel und Perichondrium
    18. Osteozyten und Knochen

Blut und lymphatische Zellen
    19. Erythroblast und Erythrozyt
    20. Eosinophiler Leukozyt
    21. Plasmazelle
    22. Megakaryozyt
    23. Sinusoide der Milz

Muskelgewebe
    24. Glatte Muskulatur
    25. Skelettmuskel und sarkoplasmatisches Retikulum
    26. Herzmuskel
    27. Motorische Endplatte

Nervengewebe
    28. Motorisches Neuron des Rückenmarks
    29. Periphere Nervenfaser
    30. Ranvierscher Knoten (Schnürring)
    31. Stäbchenzellschicht der Retina
    32. Riechepithel

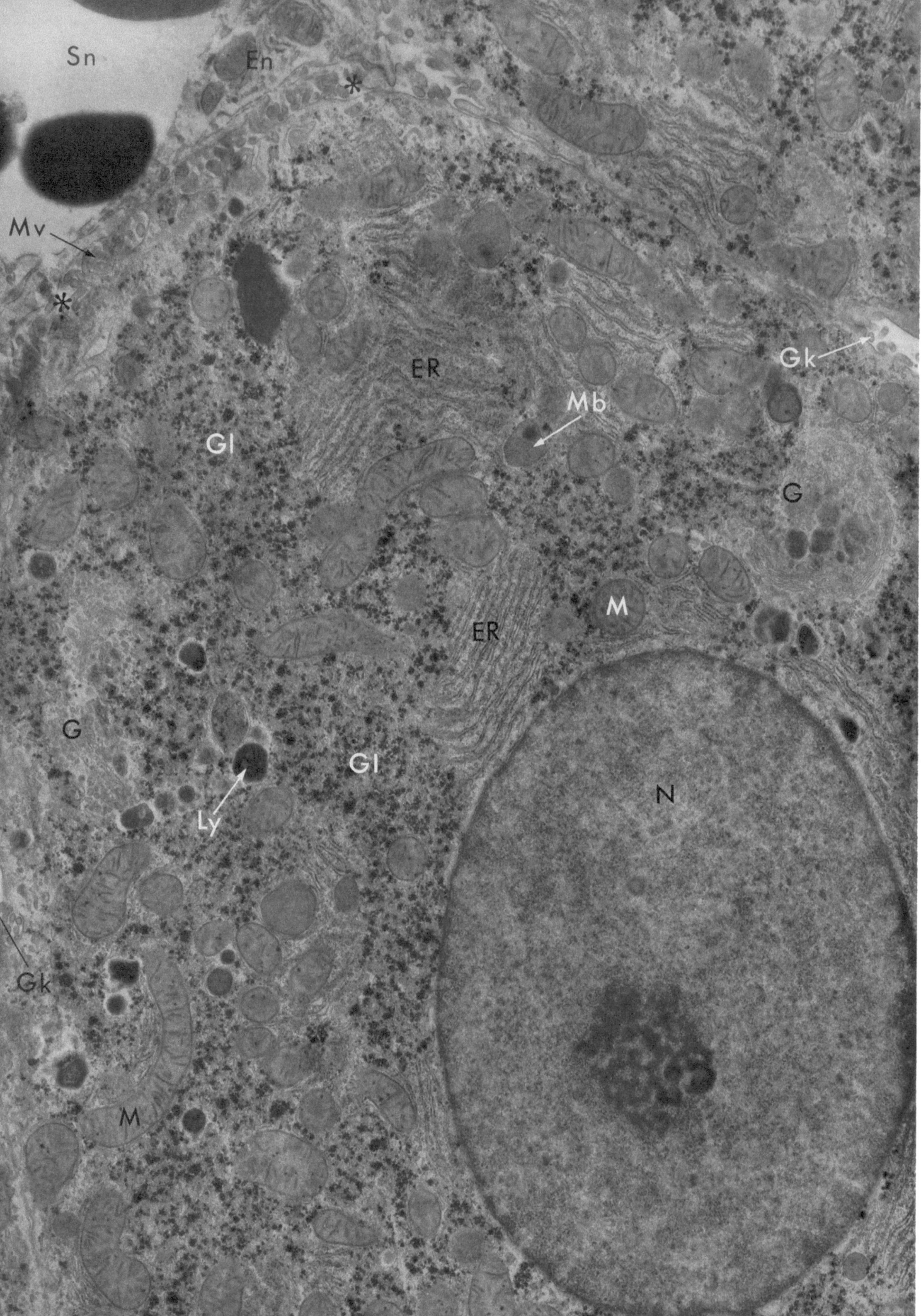

Tafel 1

Parenchymzelle der Leber [+]

Die vorliegende Aufnahme einer Parenchymzelle der Leber (Ausschnitt) zeigt einige von jenen morphologischen Details, die erst durch die Elektronenmikroskopie entdeckt wurden und dient uns zur Einführung in die Vielzahl der Systeme und Organellen, die wir in diesen und anderen Zellen antreffen. Selbst bei relativ niedriger Vergrößerung werden die Grundzüge der Feinstruktur, die für die Zellbestandteile kennzeichnend sind, auf Grund des höheren Auflösungsvermögens des Elektronenmikroskops deutlich sichtbar.

In elektronenmikroskopischen Aufnahmen können die dem Lichtmikroskopiker geläufigen Zellbestandteile leicht wiedererkannt werden. Der Kern (N) ist natürlich unverwechselbar. Die Mitochondrien (M) können an Hand ihrer Größe und charakteristischen Form identifiziert werden. Wo Unklarheiten bestehen, kann die Entscheidung auf Grund der Feinstruktur getroffen werden, da man jetzt weiß, daß alle Mitochondrien einen allgemeinen Strukturplan haben (der im Zusammenhang mit Tafel 2 beschrieben wird). Der Golgi-Apparat (G), den viele Untersucher noch vor wenigen Jahren als Artefakt betrachteten, kann ebenfalls in elektronenmikroskopischen Aufnahmen durch seine charakteristische Form nachgewiesen werden. Er erscheint als ein geschlossenes System von dünnen membranösen Säckchen und damit verbundenen zarten Bläschen. Er spielt als Zellbestandteil eine wichtige Rolle bei der Synthese von Sekretionsprodukten in der Zelle (siehe Beschreibung zu Tafel 3).

Die dem Lichtmikroskopiker bekannte extranukleäre, basophile Chromatinsubstanz der Leberzelle besteht aus Gruppen oder Stapeln von Bläschen, die durch dünne Membranen begrenzt sind (ER), deren Oberfläche mit zahlreichen feinen Partikeln besetzt ist. Zytochemische Untersuchungen deckten auf, daß diese Partikel oder Ribosomen durch Ribonukleinsäure und Protein aufgebaut werden und daß sie für die Affinität dieser Gebilde zu basischen Farbstoffen, d.h. für ihre Basophilie, verantwortlich sind. Dieser Verbindung von Partikeln mit dünnen vesikulären Elementen — hier an Hand der Leberzelle gezeigt — begegnen wir im allgemeinen in Zellen, die Proteine für die Abgabe synthetisieren. Die bläschenförmige Komponente des Systems (Zisternen genannt) ist ein Teil eines fein verästelten vakuolären Systems, des endoplasmatischen Retikulum oder ER, das über das gesamte Zytoplasma verteilt ist. Wenn es wie hier mit Ribosomen vergesellschaftet ist, wird es als granulierte Form[1] des ER bezeichnet.

Das Aussehen dieses retikulären Systems ändert sich mit dem Zelltyp, in dem es vorkommt, und mit den physiologischen Bedingungen, die zum Zeitpunkt der Fixation vorherrschten, es liegt jedoch bei den verschiedenen Zelltypen in einer jeweils charakteristischen Struktur vor. In manchen Zellen oder Teilen von Zellen erscheint es als kompaktes Kanälchensystem, ohne mit Partikeln besetzt zu sein. Man bezeichnet diese Form als ungranuliertes ER und weiß, daß es im Zusammenhang mit der Absonderung und dem Transport von anderen Zellprodukten als den Proteinen steht. Diese wenigen Erläuterungen unterstreichen den dynamischen Charakter dieses Systems. Es unterteilt sehr wirksam das Zytoplasma in zwei Phasen und kann im weitesten Sinn als ein intrazelluläres Transportsystem betrachtet werden.

Andere Bestandteile der Leberzelle — Zytosomen („microbodies", Mb) genannt — haben kugelige Form, einen Durchmesser von $0,5\,\mu$ und sind mit Ausnahme eines für sie kennzeichnenden, dichten kernähnlichen Körperchens homogen. Mit morphologischen Methoden können die Zytosomen leicht von Strukturen gleicher Größe (Ly) unterschieden werden, deren Inhalt sehr dicht ist und möglicherweise Zellbestandteile wie Glykogen, Ribosomen und Mitochondrien enthält. Man bezeichnet diese Körperchen im Schrifttum meist als Lysosomen und weiß, daß sie reich an hydrolytischen Enzymen einschließlich saurer Phosphatase sind. Es wird vermutet, daß sie in funktionellem Zusammenhang mit den Zytosomen stehen, doch wurde der exakte Beweis dafür bisher nicht erbracht.

Außerdem hat die Leberzelle wichtige Stoffwechselprodukte gespeichert, und wenigstens einer dieser Speicherstoffe, das Glykogen, wird in der Aufnahme deutlich sichtbar. Ausgedehnte Ablagerungen (Gl) erscheinen im Bild als Gruppen von sternförmigen Granula. Gelegentlich können auch Lipoidtröpfchen beobachtet werden.

Die Oberfläche der typischen Parenchymzelle ist in eine Vielzahl von spezialisierten Regionen unterteilt. Eine dieser Zonen, welche die basale Oberfläche der Zelle darstellt und in den Disseschen Räumen (*) unterhalb der Sinusoide (Sn) gelegen ist, wird von einer Vielzahl von Mikrovilli

---

[1] Im anglo-amerikanischen Schrifttum als „rough form" bezeichnet.

(Mv) bedeckt. Diese vergrößern offensichtlich die Oberfläche der Zelle, welche von der Flüssigkeit der Sinusoide umspült wird, die frei durch die Fenster in den Endothelien eindringt. Zwischen der Leberzelle und den Endothelien der Sinusoide (En) liegt keine Basalmembran, gelegentlich werden nur einige Bindegewebsfibrillen gefunden. Die Oberflächen der angrenzenden Leberzellen werden durch zarte Plasmamembranen begrenzt. Außer in der Gegend des Gallenkanälchens (Gk) liegen sie dicht aneinander (siehe auch Tafel 2). In der Gegend des Gallenkanälchens weichen benachbarte Zellen auseinander, um einen röhrenförmigen Zwischenraum zu umgrenzen, in den feine Mikrovilli von der Zelloberfläche hineinragen. Die so geformten Kanäle erhalten die Galle direkt von den Leberzellen, und sie stellen die Anfangsstücke eines Gangsystems dar, welches die Galle von der Leber zum Darm transportiert.

Die Strukturbesonderheiten der Parenchymzelle der Leber werden noch an einem Diagramm in der Textabbildung 2a illustriert.

[+] Von einer geschlechtsreifen Ratte (Rattus norvegicus) Vergrößerung 13000fach

Literatur

DEANE, H. W.: The basophilic bodies in hepatic cells. Amer. J. Anat. **78**, 227 (1946).

FAWCETT, D. W.: Observations on the cytology and electron microscopy of hepatic cells. J. nat. Cancer Inst. **15**, 1475 (1955).

NOVIKOFF, A. B., and E. ESSNER: The liver cell. Amer. J. Med. **29**, 102 (1960).

PETERS jr., T.: The biosynthesis of rat serum albumin. II. Intracellular phenomena in the secretion of newly formed albumin. J. biol. Chem. **237**, 1186 (1962).

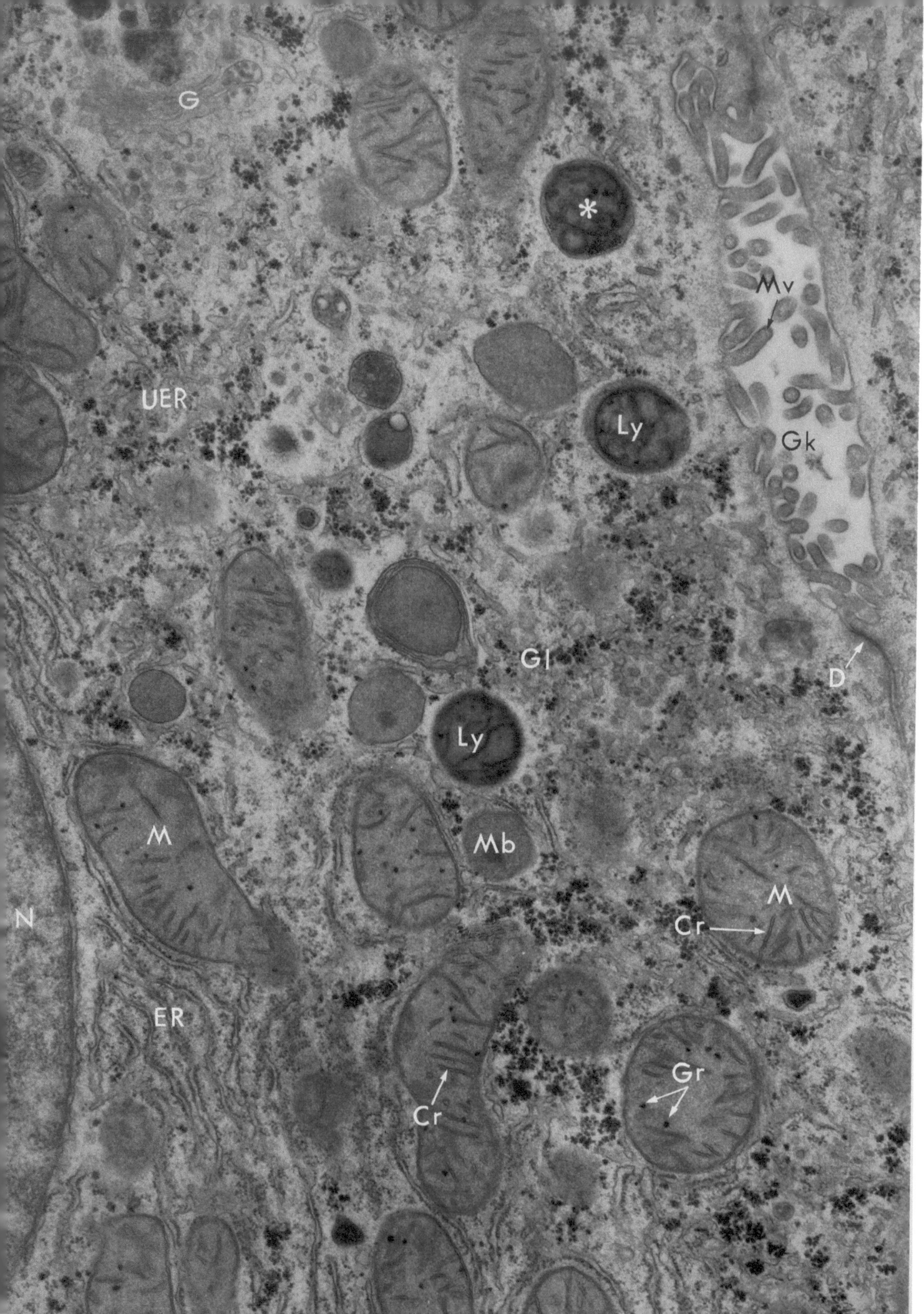

Tafel 2

Zellorganellen [+]

Diese elektronenmikroskopische Aufnahme zeigt einen Teil einer Parenchymzelle der Leber bei einer so starken Vergrößerung (30000fach), daß die Strukturbesonderheiten einiger allgemeiner Zellbestandteile zu erkennen sind. Die Mitochondrien (M) zum Beispiel sind durch zwei Linien begrenzt, welche die beiden Membranen darstellen, aus denen die Wand dieser winzigen Organellen zusammengesetzt ist. Die innere der beiden Membranen ist in fächerförmige Strukturen, die Cristae, gefaltet, welche in die homogene, den Innenraum des Mitochondrium ausfüllende Matrix vorragen. Vermutlich ergeben diese Membraneinfaltungen eine Oberflächenvergrößerung für die geordnete Verteilung einer Vielzahl von Enzymen in diesen Organellen. Wo der Energiebedarf einer Zelle größer ist, wie im Herzmuskel (Tafel 26), ist auch die Zahl der Cristae größer, um so für eine größere Oberfläche zu sorgen. Dichte Granula von 20 bis 30 mμ Durchmesser, die ebenfalls in der Matrix gefunden werden, hält man neuerdings für Ansammlungen von gebundenen zweiwertigen Metallionen, die für die Enzymsysteme der Mitochondrien notwendig sind.

Ein kleiner Ausschnitt des Zellkerns (N) ist auf der linken Seite des Bildes zu sehen. Er wird von einer membranartigen Umhüllung begrenzt, die aus 2 Membranen und dem dazwischenliegenden Spalt von geringer Dichte besteht. Von der äußeren der beiden Membranen wurde wiederholt gezeigt, daß sie sich in die Membranen des vesikulären Systems des endoplasmatischen Retikulum fortsetzen. Es ist daher angebracht, das zytoplasmatische Retikulum als Ausstülpung der Kernmembran zu betrachten und beide als einen Teil eines einheitlichen membranösen Systems anzusehen.

Im Zytoplasma der Leberzelle können im allgemeinen zwei Formen dieses membranösen Systems beobachtet werden. In dem einen (ER) tragen die Zisternen kleine dichte Granula (etwa 150 Å im Durchmesser) an ihrer Oberfläche. Diese Form wurde in der Beschreibung zur Tafel 1 besprochen und stellt, wie bereits dort erwähnt, das morphologische Äquivalent dafür dar, daß in dieser Zelle Proteine für die Sekretion synthetisiert werden. In der anderen Form bilden die verzweigten tubulären Elemente ein kompaktes Netzwerk und sind frei von Partikeln oder ungranuliert[2] (UER). Dieser Teil des ER steht an einigen Stellen im Zusammenhang mit den partikeltragenden oder granulierten Einheiten. In der Leberzelle ist diese ungranulierte Form mit Ablagerungen von Glykogen vergesellschaftet (Gl), und es wird angenommen, daß Enzymsysteme, die für die Speicherung und Freisetzung von Glykogen bedeutsam sind, mit den begrenzenden Membranen im Zusammenhang stehen.

Der Golgi-Apparat (G) besteht ebenfalls aus Bläschen, die durch ungranulierte Membranen begrenzt werden; aber in diesem Fall sind es abgeflachte Säckchen oder Bläschen, die dicht zu Stapeln gepackt sind. Dieses morphologische Charakteristikum unterscheidet den Golgi-Apparat von dem bereits besprochenen ungranulierten ER. Es ist neuerdings bekannt, daß innerhalb der Golgi-Bläschen Proteine und möglicherweise auch andere Substanzen, die anderswo in der Zelle synthetisiert werden, zu Sekretgranula verdichtet werden. Dieser Vorgang des Sekretionsprozesses ist noch ausführlicher in die Besprechung von Tafel 3 aufgenommen worden. In der hier gezeigten Leberzelle können nur ziemlich kleine Granula in wenigen Säckchen (in der Nähe des Buchstaben G) identifiziert werden, und sie stellen möglicherweise Plasmaproteine dar, die bekanntlich durch die Leberzellen produziert werden.

Die dichten Körperchen (Ly), die üblicherweise in der Nähe eines jeden Gallenkanälchens (Gk) anzutreffen sind, stellen (wie bereits in der Besprechung von Tafel 1 erwähnt) meistens Lysosomen dar; das sind Strukturen, die gewisse hydrolytische Enzyme enthalten. In manchen Fällen sind Reste von Zellstrukturen wie zum Beispiel Mitochondrien (*) in ihnen eingeschlossen, und aus diesem Grund stehen die Lysosomen möglicherweise mit katabolischen oder abbauenden Prozessen des Stoffwechsels im Zusammenhang.

Andere granuläre Komponenten der Leberzelle, „microbodies" (Mb) genannt, besitzen eine homogene Matrix und ein dichtes kernähnliches Körperchen (Nukleoid). Sie werden für eine andere Form von Lysosomen oder lysosomenähnliche Organellen gehalten. Gegenwärtig sind histochemische Untersuchungen in Verbindung mit der Elektronenmikroskopie darauf ausgerichtet, die Funktion der Lysosomen und verwandter Partikel zu klären.

In der vorliegenden Aufnahme kann die Struktur des Gallenkanälchens (Gk) deutlich erkannt werden (vergleiche Tafel 1). Dieser Kanal, der durch Teile der Oberflächen von an-

---

[2] Die Anglo-Amerikaner sprechen von „smooth form".

grenzenden Leberzellen gebildet wird, ist mit Mikrovilli (Mv) besetzt, die von den Zelloberflächen in diesen extrazellulären Raum vorragen. Dichte Verbindungen und Desmosomen (D) riegeln das Kanälchen vom angrenzenden Interzellularraum ab.

+ Von einer geschlechtsreifen Ratte
Vergrößerung 30000fach

Literatur

Ashford, T. P., and K. R. Porter: Cytoplasmic components in hepatic cell lysosomes. J. Cell Biol. **12**, 198 (1962).

Drochmans, P.: Morphologie du glycogène. J. Ultrastruct. Res. **6**, 141 (1962).

Duve, C. de: The lysosome. Sci. Amer. **208**, 64 (1963).

Fernández-Morán, H.: Cell membrane ultrastructure. Circulation **26**, 1039 (1962).

Holt, S. J., and R. M. Hicks: The localization of acid phosphatase in rat liver cells as revealed by combined cytochemical staining and electron microscopy. J. biophys. biochem. Cytol. **11**, 47 (1961).

Millonig, G., and K. R. Porter: Structural elements of rat liver cells involved in glycogen metabolism. In: Proceedings of the European Regional Conference on Electron Microscopy, Delft, 1960 (A. L. Houwink and B. J. Spit, editors), p. 655. Delft: De Nederlandse Vereniging voor Electronenmicroscopie 1960.

Palade, G. E.: An electron microscope study of the mitochondrial structure. J. Histochem. Cytochem. **1**, 188 (1953).

—, and P. Siekevitz: Liver microsomes: an integrated morphological and biochemical study. J. biophys. biochem. Cytol. **2**, 171 (1956).

Parsons, D. F.: Mitochondrial structure: two types of subunits on negatively stained mitochondrial membranes. Science **140**, 985 (1963).

Porter, K. R.: The endoplasmic reticulum: some current interpretations of its forms and functions. In: Biological Structure and Function, (T. W. Goodwin and O. Lindberg, editors), vol. I, p. 127. New York: Academic Press 1961.

Textabbildung 2a

Die Feinstruktur einer Zelle oder eines Gewebes kann man häufig an Hand einer schematischen Zeichnung ihrer Gesamtheit oder ihrer Einzelteile besser erklären. Solche Schemata stellen einen Auszug der Ergebnisse dar, die beim Studium einer Vielzahl von mikroskopischen Aufnahmen gewonnen wurden. Als solches sind sie für den Studenten bedeutsam und noch mehr für den Forscher, der bei der Herstellung eines Diagramms gezwungen ist, seine Vorstellung über die innere Beziehungen der Struktur zu klären, welche sonst möglicherweise unklar bleiben würden. Da die Diagramme eine Deutung der Befunde darstellen, sind sie selten absolut zutreffend in dem, was sie zeigen, und dienen deshalb nur als vorläufige Hilfe zum besseren Verständnis.

Die vorliegende Zeichnung stellt eine einzelne Parenchymzelle der Rattenleber dar. Sie wird von vier benachbarten Leberzellen umgeben (die nicht eingezeichnet sind) und grenzt an vier Sinusoide oder Kapillaren der Blutversorgung. An diesen zuletzt genannten Oberflächen, die dem basalen Pol der Epithelzelle entsprechen, finden sich einige Mikrovilli; in diesem Beispiel ist die Zelle nicht wie sonst von einer Basalmembran unterlegt. Die Sinusoide werden durch dünne Endothelzellen begrenzt, welche Öffnungen zeigen. In den beiden Kapillaren rechts und links oben im Bild sind rote Blutkörperchen dargestellt; ein weißes Blutkörperchen ist unten rechts zu sehen.

Nach dem Studium der Tafeln 1 und 2 und ihrer Legenden sollte der Student keine Schwierigkeiten haben, so auffallende Zellbestandteile wie den Kern, die Mitochondrien und die langgestreckten Querschnitte der zum endoplasmatischen Retikulum (ER) gehörenden Zisternen zu erkennen. Kleine Partikel oder Ribosomen sind deutlich an der Oberfläche der ebengenannten Struktur und in der Grundsubstanz zwischen ihr sichtbar. Die Zisternen sind gewöhnlich in Stapeln von 6 bis 12 Einheiten angeordnet. Ein Rand einer solchen Ansammlung liegt häufig dem Golgi-Apparat benachbart, und es wird noch erwähnt werden, daß feine Körnchen von besonderem Bau an den Enden dieser Zisternen und in Bläschen liegen, welche zwischen ER und Golgi-Apparat als auch zwischen den erweiterten Enden der Zisternen und kugeligen, zum Golgi-Apparat (G) selbst gehörenden Vesikeln vorkommen. Diese Granula (**) sind gezeichnet worden, um den Vorgang des Proteintransportes vom ER zum Golgi-Apparat, wo sie für die Ausschleusung verdichtet werden (siehe *), zu zeigen. Der andere Rand der Zisternenstapel des ER grenzt an abgelagertes Glykogen und damit verbundene Bläschen, die zum sogenannten ungranulierten endoplasmatischen Retikulum (UER) gehören. Beide Formen gehen oft ineinander über; möglicherweise entsteht die ungranulierte Form aus der granulierten. Solche Übergänge werden durch dicke Pfeile angezeigt. Einige Forscher glauben, ohne daß es vollständig bewiesen ist, daß die ungranulierte Form des ER in den Transport der Glukose aus der Leberzelle während der Glykogenolyse verwickelt ist. Andere hervorstehende

Textabbildung 2a

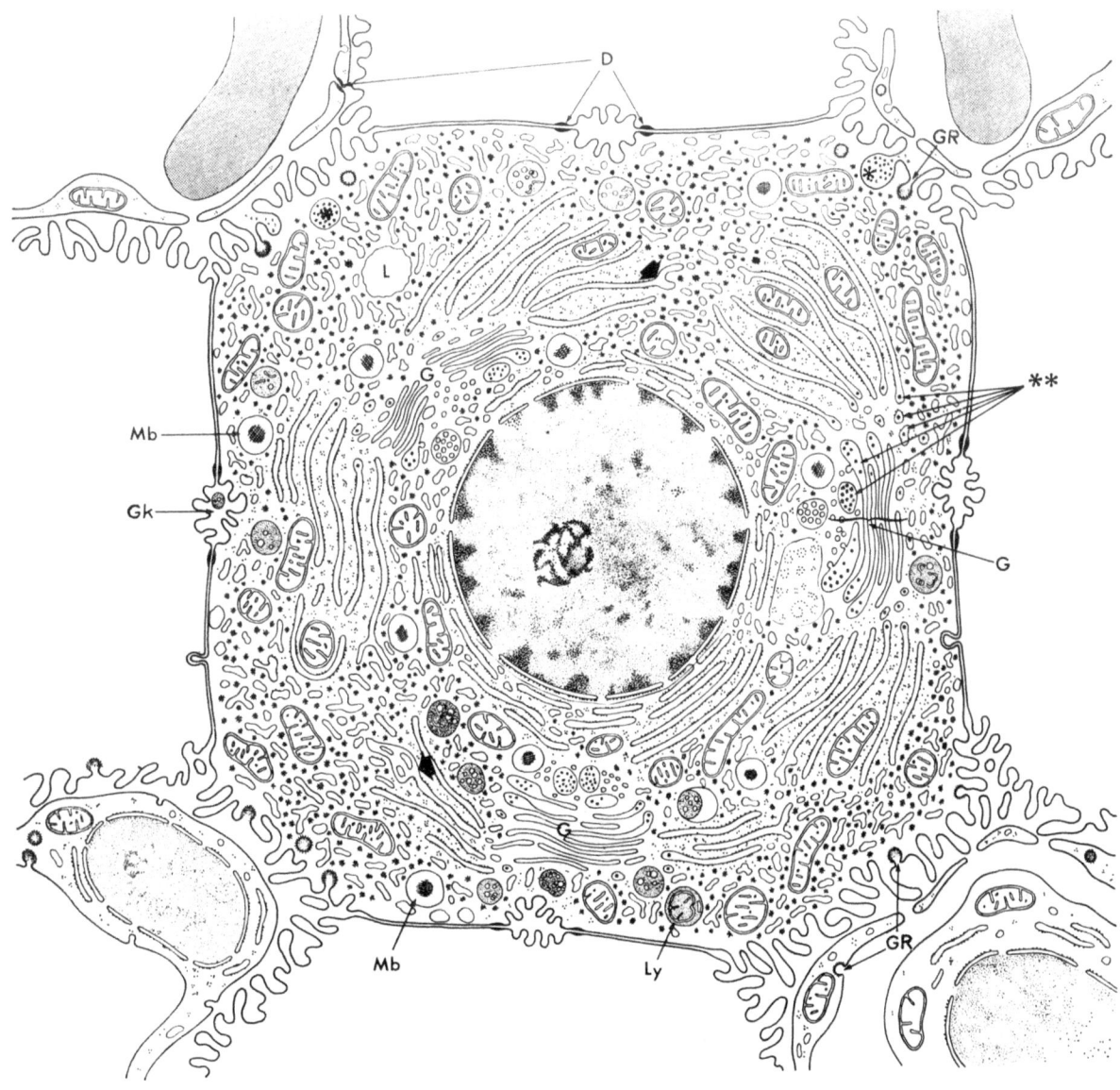

Bestandteile im Zytoplasma der Leberzelle sind die Lysosomen (Ly), welche Reste von Organellen und von Grundsubstanz enthalten, die offensichtlich hydrolysiert werden sollen; außerdem finden sich Zytosomen („microbodies") (Mb), deren Bedeutung unsicher ist und die möglicherweise reich an Enzymen sind. Ein einzelnes Lipoid-Granulum ist bei L gezeichnet.

Verschiedene Ausdifferenzierungen der Zelloberfläche werden gezeigt, obwohl ihre genaue funktionelle Bedeutung noch nicht vollständig geklärt ist. Die dem Gallenkanälchen anliegende und es begrenzende Oberfläche ist durch viele Mikrovilli in ihrer Fläche vergrößert. Es selbst stellt die freie Oberfläche der Zelle dar und wird wie allgemein bei Epithelzellen durch feste Verbindungen oder Desmosomen (D) begrenzt. Neben einer Vielzahl von Mikrovilli besitzt die Leberzelle an der den Sinusoiden zugekehrten Fläche besondere Grübchen (Gr) oder rundliche Einstülpungen, die an ihrer Zytoplasmaoberfläche wie mit kurzen Borsten besetzt erscheinen. Die gleichen Strukturen finden sich an den Endothelzellen und an den von Kupfferschen Sternzellen, welche die Sinusoide auskleiden. Sie werden mit der selektiven Aufnahme von Proteinen und möglicherweise von anderen Makromolekülen aus dem Plasma des zirkulierenden Blutes in Zusammenhang gebracht.

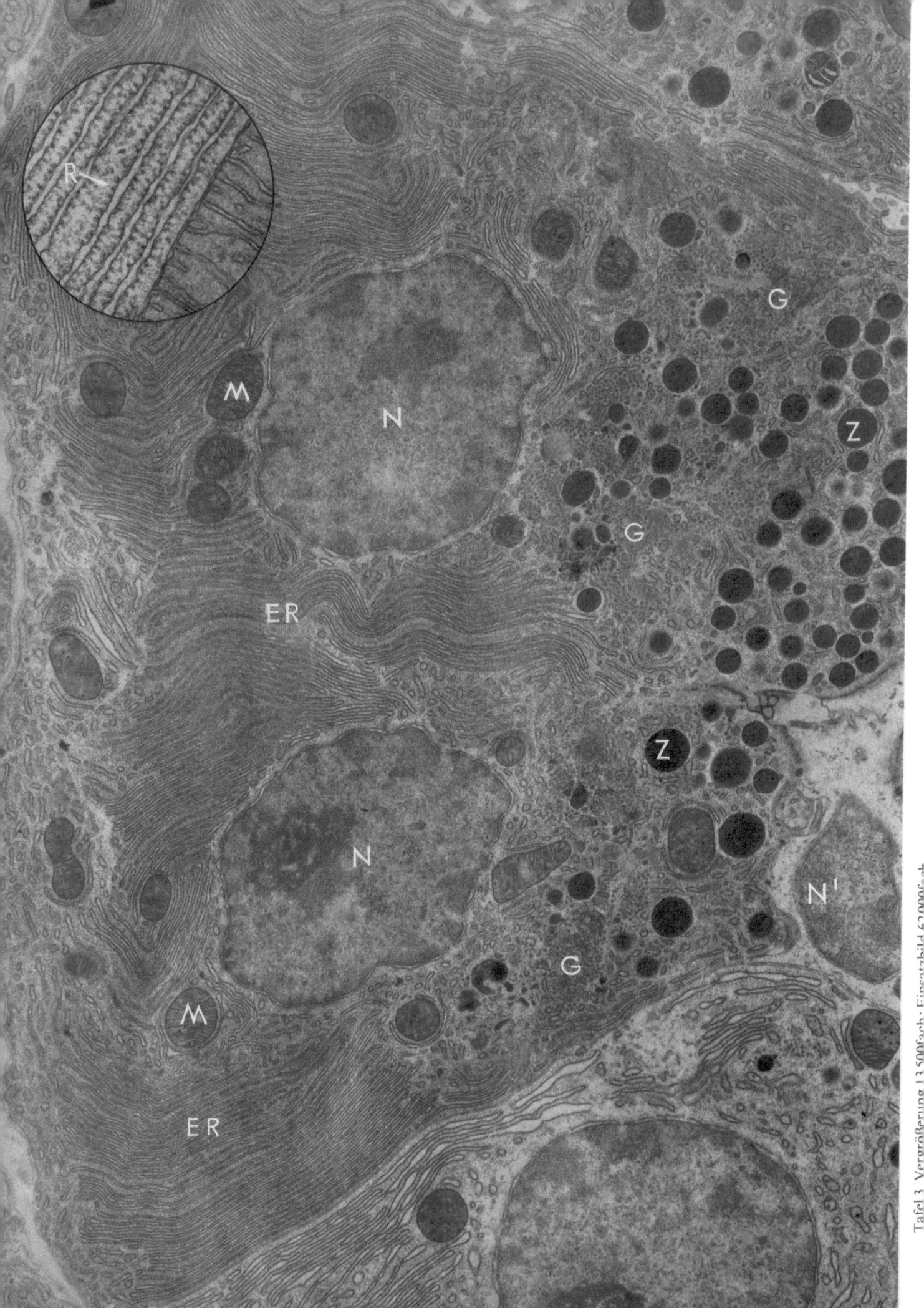

Tafel 3. Vergrößerung 13.500fach · Einsatzbild 67.000fach

Tafel 3

Exokrine Pankreaszelle [+]

Die vielfältige Organisation einer exokrinen Pankreaszelle ist sehr eindrucksvoll. Offensichtlich stellen die Membranen und die von ihnen begrenzten Zwischenräume, die über das gesamte Zytoplasma verteilt sind, die Produktionsstätte der von diesen Zellen gelieferten Verdauungsenzyme dar. In der Tat haben die modernen wechselseitigen Ergebnisse der elektronenmikroskopischen und biochemischen Forschung uns ziemlich genau verstehen gelehrt, welche Rolle diese verschiedenen Zellbestandteile bei der Synthese und dem Sekretionsprozeß spielen. Die wohlbekannte Basophilie der Azinuszellen wird auf die Anwesenheit großer Mengen von Ribonukleoproteinen (RNP) zurückgeführt, die in der elektronenmikroskopischen Aufnahme in Form von feinen, dichten Partikeln zutage treten und Ribosomen genannt werden (siehe Einsatzbild, R). In Zellen, welche Proteine für die Ausschleusung bereitstellen, sind die Ribosomen charakteristischerweise mit der äußeren Oberfläche der abgeflachten Zisternen des endoplasmatischen Retikulum (ER) vergesellschaftet, welche in parallelen Bündeln angeordnet sind. In dem vorliegenden Bild wird deutlich, daß diese Zisternen und einige Mitochondrien die lateral und basal vom Kern gelegene Region des Zytoplasma einnehmen. Innerhalb der von Membranen begrenzten Zisternen wird das Sekret entsprechend seiner durch RNP gesteuerten Synthese zuerst abgesondert. Das Sekretionsprodukt bahnt sich dann seinen Weg vom Innern des granulierten endoplasmatischen Retikulum zu den Bläschen des ausgedehnten Golgi-Apparates (G). Hier werden die Proteine zu Tropfen oder Granula zusammengepackt, die an Größe zunehmen und zu den Zymogengranula der apikalen Region der Azinuszelle werden. Die Bläschen des Golgi-Apparates, die möglicherweise in wechselndem Zusammenhang mit dem granulierten endoplasmatischen Retikulum stehen, werden als besondere Einrichtung betrachtet, welche die Sekretionsprodukte vor ihrer Ausschleusung verdichtet. Deshalb sind die Zymogengranula solange sie in der Zelle sind, von Membranen des Golgi-Apparates umschlossen. Bei hungernden Tieren werden die Granula im apikalen Zytoplasma gespeichert, aber bei Nahrungszufuhr werden sie freigesetzt und gelangen frei von ihrer membranösen Umhüllung in die Gänge der Drüse.

Die Gangzellen des exokrinen Pankreas erscheinen inaktiv im Vergleich mit den sezernierenden Nachbarzellen. In dieser Aufnahme liegen Zytoplasma und ein Teil des Kerns (N') einer solchen zentroazinären Zelle in der Nähe des apikalen Poles von Drüsenzellen, und es ist deutlich sichtbar, daß dieser Zelltyp nur wenige Organellen und kein komplexes Membransystem enthält.

Möglicherweise sind die beim Studium des Pankreasgewebes entdeckten Einzelheiten des Sekretionsprozesses allgemein gültig für alle Zellen, die Proteine zur Ausschleusung synthetisieren. So zum Beispiel haben neuere Untersuchungen mit autoradiographischen Methoden, welche an die Elektronenmikroskopie angepaßt waren, gezeigt, daß bei der Produktion von Proteinen durch Fibroblasten die Synthese des löslichen Kollagens einen ähnlichen Weg nimmt wie der für die Pankreasenzyme gezeigte. In anderen Fällen wie etwa den Becher- und Panethschen Körnerzellen weist die Organisation des Zytoplasmas darauf hin, daß der Sekretionsprozeß ähnlich ist, aber der direkte Beweis dafür wurde noch nicht erbracht.

[+] Aus dem Pankreas der Fledermaus (Myotis lucifigus)
Vergrößerung 13 500fach
Einsatzbild 62 000fach

Literatur

CARO, L. G., and G. E. PALADE: Protein synthesis, storage, and discharge in the pancreatic exocrine cell. J. Cell Biol. **20**, 473 (1964).

LITTLEFIELD, J. W., E. B. KELLER, J. GROSS, and P. C. ZAMECNIK: Studies on cytoplasmic ribonucleoprotein particles from the liver of the rat. J. biol. Chem. **217**, 111 (1955).

PALADE, G. E.: A small particulate component of the cytoplasm. J. biophys. biochem. Cytol. **1**, 59 (1955).

PORTER, K. R.: Electron microscopy of basophilic components of cytoplasm. J. Histochem. Cytochem. **2**, 346 (1954).

REVEL, J. P., and E. L. HAY: An autoradiographic and electron microscopic study of collagen synthesis in differentiating cartilage. Z. Zellforsch. **61**, 110 (1963).

ROSS, R., and E. P. BENDITT: Wound healing and collagen formation. III. A quantitative radioautographic study of the utilization of proline-H^3 in wounds from normal and scorbutic guinea pigs. J. Cell Biol. **15**, 99 (1962).

SIEKEVITZ, P., and G. E. PALADE: A cytochemical study on the pancreas of the guinea pig. V. *In vivo* incorporation of leucine-1-C^{14} into the chymotrypsinogen of various cell fractions. J. biophys. biochem. Cytol. **7**, 619 (1960).

SJÖSTRAND, F. S., and V. HANZON: Membrane structures of cytoplasm and mitochondria in exocrine cells of mouse pancreas as revealed by high resolution electron microscopy. Exp. Cell Res. **7**, 393 (1954).

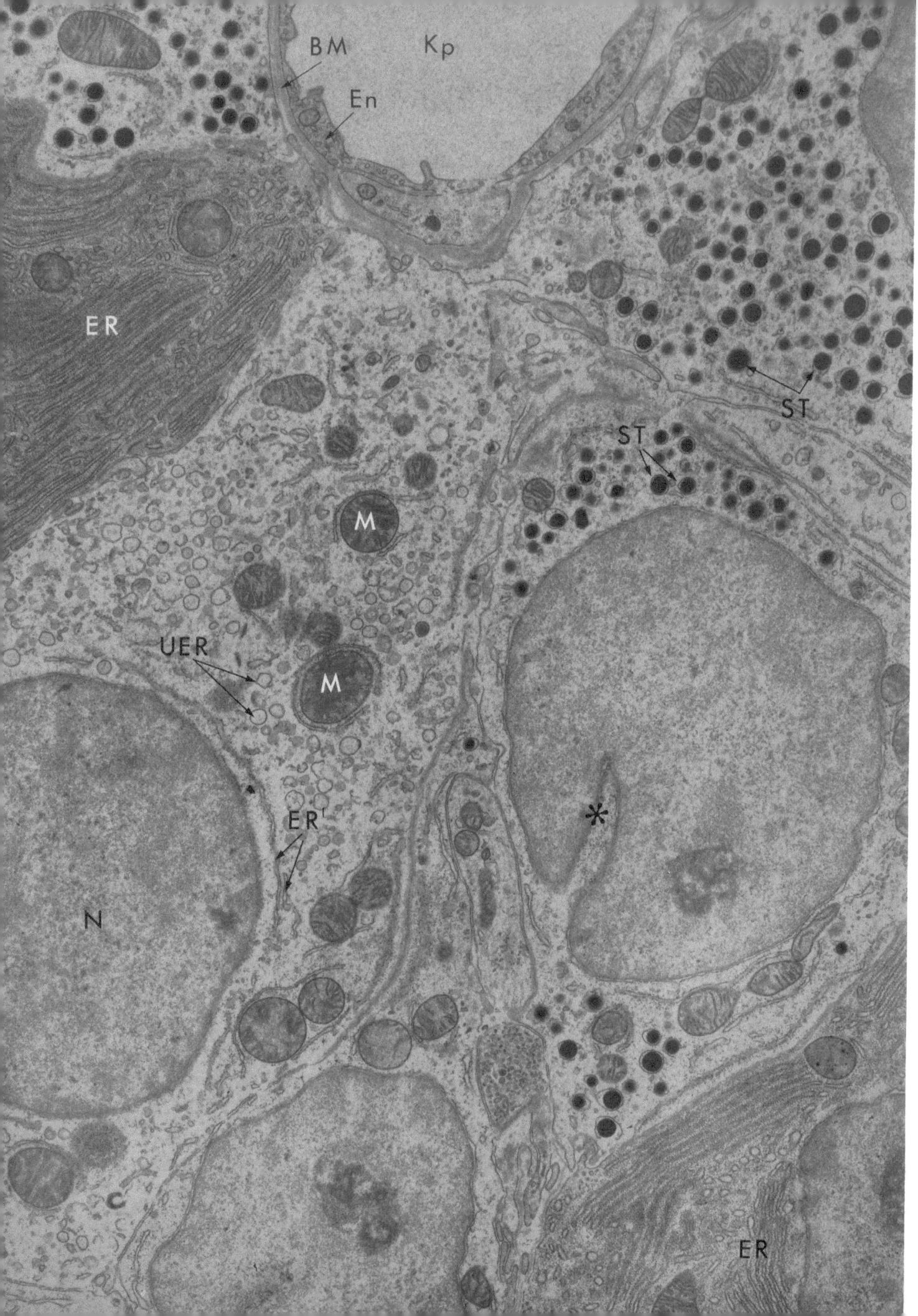

Tafel 4

Endokrine Pankreaszelle[+]

Das endokrine Pankreasgewebe, auch Langerhanssche Inseln genannt, unterscheidet sich in der Feinstruktur deutlich vom exokrinen Teil dieser Drüse (siehe Tafel 3). In der vorliegenden Aufnahme können Teile von zwei Azinuszellen, die dicht mit intrazellulären Membransystemen (ER) und damit verbundenen Ribosomen angefüllt sind, mit dem hellgefärbten Zytoplasma des Inselgewebes verglichen werden. In charakteristischer Weise sind die endokrinen Zellen, wie auch in diesem Bild, immer in nächster Nähe zu den Blutkapillaren (Kp) gelegen, welche ihre Sekretionsprodukte abtransportieren. Das Endothel (En) dieses vaskulären Gewebes bildet eine dünne, aber geschlossene Zellage. Sie ruht auf einer Basalmembran (BM), die stets Bestandteil der Grenze zwischen Blut und endokrinem Gewebe ist.

In den Langerhansschen Inseln werden verschiedene Zelltypen gefunden. Unterschiede in der Morphologie weisen darauf hin, daß die Zelltypen auch funktionell unterschiedlich sind. Von dem vielstudierten Hormon Insulin glaubt man, daß es in den B-Zellen produziert wird, von denen eine links auf der Aufnahme zu sehen ist. Diese Zellen können unter dem Lichtmikroskop mit Hilfe von gewissen Färbungen und an Hand der damit dargestellten Granula differenziert werden. In einigen elektronenmikroskopischen Präparaten von Pankreasgewebe jedoch sieht man keine Sekretgranula und nimmt an, daß sie während der Präparation des Gewebes für die Mikroskopie aufgelöst wurden. In dem den sphärischen Kern (N) umgebenden Zytoplasma finden sich einige granulierte Zisternen des endoplasmatischen Retikulum (ER'), rundliche Mitochondrien (M) und eine ansehnliche Zahl von ungranulierten Bläschen (UER), die ebenfalls einen Teil des endoplasmatischen Retikulum darstellen. Wahrscheinlich werden die Sekretgranula im Golgi-Apparat verdichtet, und der Sekretionsprozeß ähnelt dem für die Azinuszelle des Pankreas beschriebenen (Tafel 3), nur mit dem Unterschied, daß im vorliegenden Fall die Sekretion mehr in den Interzellularraum erfolgt als an die freie Oberfläche und in die Gänge der Drüse. Vom Interzellularraum aus durchdringt das Sekretionsprodukt die Basalmembran (BM) und das Endothel der Kapillaren (En) und gelangt so in den Kreislauf.

Die A-Zellen enthalten dichte Sekrettropfen (ST), die in der elektronenmikroskopischen Aufnahme leicht erkannt werden können. Jeder Tropfen liegt in einer membranumhüllten Vakuole. Im allgemeinen ähnelt die Zytoarchitektur der A-Zellen derjenigen der B-Zellen, lediglich die Kernumrisse sind weniger regelmäßig (*). Die A-Zellen sollen Glukagon, das glykogenolytische Hormon, sezernieren. Man nimmt an, daß die Produktion des Insulins als kleinem Proteinmolekül und die des Polypeptids Glukagon in verschiedenen Zellen stattfindet. Im Gegensatz hierzu werden eine Anzahl verschiedener Enzyme durch einen einzigen Typ von Azinuszelle im Pankreas gebildet (siehe Tafel 3).

[+] Aus dem Pankreas der Fledermaus
Vergrößerung 10 500fach

Literatur

LACY, P. E.: Electron microscopy of the beta cell of the pancreas. Am. J. Med., 31, 851 (1961).

LAZAROW, A.: Cell types of the islets of Langerhans and the hormones they produce. Diabetes, 6, 222 (1957).

OPIE, E. L.: Cytology of the pancreas. In Special Cytology, second edition (E. V. COWDRY, editor), vol. I, p. 375. New York: Paul B. Hoeber, Inc. (1932).

WILLIAMSON, J. R., P. E. LACY, and J. W. GRISHAM: Ultrastructural changes in the islets of the rat produced by tolbutamide. Diabetes, 10, 460 (1961).

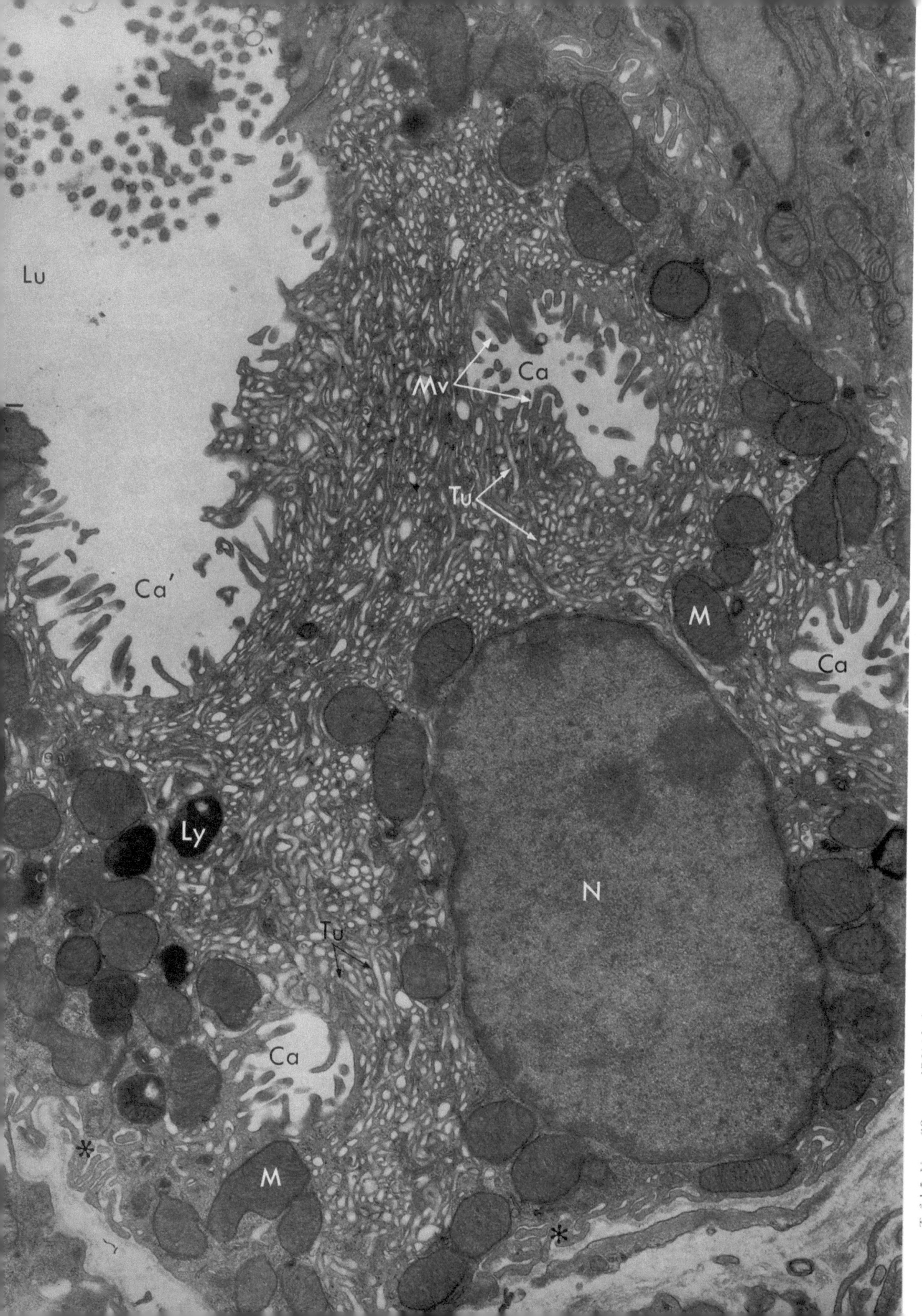

Tafel 5

Belegzellen des Magens [+]

Vor nahezu hundert Jahren wurden die Belegzellen des Magens als möglicher Sitz der Salzsäureproduktion erkannt, und diese Interpretation ihrer Funktion wird auch heute noch allgemein anerkannt. Die Produktion einer ungefähr 0,15 N HCl-Lösung, eine für viele Zellen tödliche Konzentration, ist sicherlich ein interessantes Phänomen, und es muß nicht besonders betont werden, wieviel Eifer darauf verwandt wurde, um diesen Vorgang genauer aufzuklären. Wenn uns auch das volle Verständnis dafür bisher fehlt, ist es doch nicht überraschend, daß die Elektronenmikroskopiker nach Anhaltspunkten in der Feinstruktur der Belegzellen gesucht haben.

Ein eindrucksvolles Kennzeichen dieser Zellen ist ein kompliziertes System von Oberflächeneinstülpungen oder sekretorischen Kanälchen (Ca), die das Zytoplasma lateral vom Zellkern (N) durchbohren. Dieses Kanälchensystem mündet an einem gemeinsamen Ausgang (Ca') in das Lumen (Lu) des Magens. Obwohl die Lichtmikroskopiker über dieses komplexe System Bescheid wußten, ahnten sie nicht, daß die Kanälchen mit Mikrovilli (Mv) besetzt sind. Diese letzteren vergrößern offensichtlich die freie Oberfläche dieser Zellen noch über die durch Oberflächeneinstülpung bewirkte Vergrößerung hinaus. Beobachtungen mit Hilfe von Indikatorsubstanzen, die man der basalen Oberfläche der Belegzellen zugeführt hat, haben gezeigt, daß die Kanälchen sauer reagieren, während das Zytoplasma der Zellen leicht alkalisch bleibt. Diese Untersuchungen untermauern die Theorie, daß die Belegzellen Säure produzieren und daß darüber hinaus der Ort der Sekretion an die freie Oberfläche der Kanälchen lokalisiert werden kann.

Zusätzlich zu diesen labyrinthartigen Einstülpungen besitzen die Belegzellen ein ausgeprägtes zytoplasmatisches Membransystem, bestehend aus Tubuli (Tu), die durch ungranulierte Membranen begrenzt werden. Es wird berichtet, daß die Tubuli gelegentlich eine Verbindung zu den Kanälchen haben. In der vorliegenden Aufnahme ist das tubuläre System so ausgedehnt, daß andere Zellorganellen wie Mitochondrien (M) oder Lysosomen (Ly) an den Rand oder gegen die gefaltete basale Oberfläche der Zelle (*) gedrängt werden. Unter der Annahme, daß solch ein komplexes System möglicherweise im Zusammenhang mit der Säuresekretion steht, hat man die Zellen eines Magens, der aktiv sezerniert, mit inaktiven Zellen verglichen. Im aktiven Zustand wurde eine Ansammlung von „ungranulierten Profilen"[3] in der Nähe der Kanälchen beobachtet. Gleichzeitig zeigten die ungranulierten Membranelemente des Zytoplasmas eine allgemeine Abnahme, und die sekretorischen Kanälchen wurden stärker ausgebildet. Während solche Beobachtungen anzeigen, daß das intrazelluläre System der ungranulierten Membranen eine wichtige Funktion bei der Säuresekretion erfüllt, ist ihre genaue Rolle bei weitem nicht klar. Die Verwirrung hat letztlich zwei Quellen. Als erstes ist in dem für die Säuresekretion stimulierten Gewebe die Feinstruktur nicht aller Belegzellen gleich. Diese Unterschiede drücken möglicherweise verschiedene Funktionsstadien einer einzelnen Zelle aus, aber da die Gewebsstücke in der Elektronenmikroskopie immer sehr klein sind, ist es schwer zu entscheiden, welches Zellbild einem bestimmten Funktionsstadium entspricht. Zweitens wird von einigen Untersuchern angenommen, daß der Präparationsvorgang einen Einfluß auf die Form der intrazellulären Membransysteme ausübt. So können Änderungen des Funktionsstatus angenommen werden, die in Wirklichkeit Artefakte sind. Außerdem soll sich der Student erinnern, daß es bisher nicht sicher ist, ob dieses tubuläre Membransystem im Zytoplasma der Belegzellen in Beziehung mit dem endoplasmatischen Retikulum steht oder sogar von ihm abzuleiten ist. Einige Untersucher interpretieren es als ein selbständiges und einheitliches intrazelluläres System, dessen Membranen und Oberflächen kontinuierlich in die Plasmamembran der Zelle übergehen. Offensichtlich bedarf die Belegzelle weiterer Untersuchungen.

Trotz dieser Unsicherheiten soll versucht werden, zu einer spekulativen Vorstellung über die Rolle des intrazellulären Membransystems bei der Säuresekretion zu gelangen. Physiologen haben entdeckt, daß, während die Säure in das Lumen des Magens sezerniert wird, eine gleiche Menge an Basen gebildet und in den Blutstrom freigesetzt wird. Das Bicarbonat-Ion, das dabei freigesetzt wird, soll aus hydriertem Kohlendioxyd unter Vermittlung eines Enzyms, der Carboanhydrase, welche in Belegzellen reichlich vorhanden ist, gebildet werden. Gerade wie das Wasserstoff-Ion gebildet und außerhalb des apikalen Pols der Zelle transportiert wird, ist unbekannt, doch verknüpft man es mit gewissen oxydativen Stoff-

---

[3] „Smooth-surfaced profiles".

wechselvorgängen. Vernünftigerweise muß man annehmen, daß seine Bildung dort stattfindet, wo sie vom vorhandenen Hydroxyl räumlich getrennt ist, und daß es manchmal gebunden sein muß, um eine Bildung von Wasser zu verhindern, die normalerweise erwartet werden muß. Man kann unter diesem Gesichtspunkt annehmen, daß das System der Tubuli in der Belegzelle die getrennten Oberflächen oder getrennte Zellräume darstellen könnten. In der Tat sammelt sich immer mehr Beweismaterial an, daß Mukopolysaccharide in den Hohlräumen ähnlicher Systeme in anderen ionensezernierenden Zellen liegen und daß sie fähig sind, pro Gewichtseinheit vergleichsweise große Mengen von Wasserstoff oder anderen Ionen zu binden. Wie wir bereits gesagt haben, steht dieses System möglicherweise in Verbindung mit der Zelloberfläche und ist somit ein Teil der Gesamtoberfläche, an der offensichtlich Ionen-Konzentrationen gefunden werden. Auf einen Stimulus hin könnte das intrazelluläre Membransystem mit seinem Ionenbesatz nach außen verlagert werden und so die Sekretion von Salzsäure vollziehen.

+ Aus dem Magen der Maus
Vergrößerung 17000fach

Literatur

BRADFORD, N. M., and R. E. DAVIES: Site of hydrochloric acid production in stomach as determined by indicators. Biochem. J. **46**, 414 (1950).

DAVIES, R. E.: Gastric hydrochloric acid production — the present position. In: Metabolic Aspects of Transport Across Cell Membranes (Q. R. MURPHY, editor), p. 277. Madison: The University of Wisconsin Press 1957.

ELLIS, R. A., and J. H. ABEL jr.: Intercellular channels in the salt-secreting glands of marine turtles. Science **144**, 1340 (1964).

ITO, S., and R. J. WINCHESTER: The fine structure of the gastric mucosa in the bat. J. Cell Biol. **16**, 541 (1963).

PHILPOTT, C. W., and D. E. COPELAND: Fine structure of chloride cells from three species of *Fundulus*. J. Cell Biol. **18**, 389 (1963).

SEDAR, A. W.: Electron microscopy of the oxyntic cell in the gastric glands of the bullfrog, *Rana catesbiana*. I. The non-acid secreting gastric mucosa. J. biophys. biochem. Cytol. **10**, 47 (1961). II. The acid-secreting gastric mucosa. J. biophys. biochem. Cytol. **9**, 1 (1961).

—, and M. H. F. FRIEDMAN: Correlation of the fine structure of the gastric parietal cell (dog) with functional activity of the stomach. J. biophys. biochem. Cytol. **11**, 349 (1961).

VIAL, J. D., and H. ORREGO: Electron microscope observations on the fine structure of parietal cells. J. biophys. biochem. Cytol. **7**, 367 (1960).

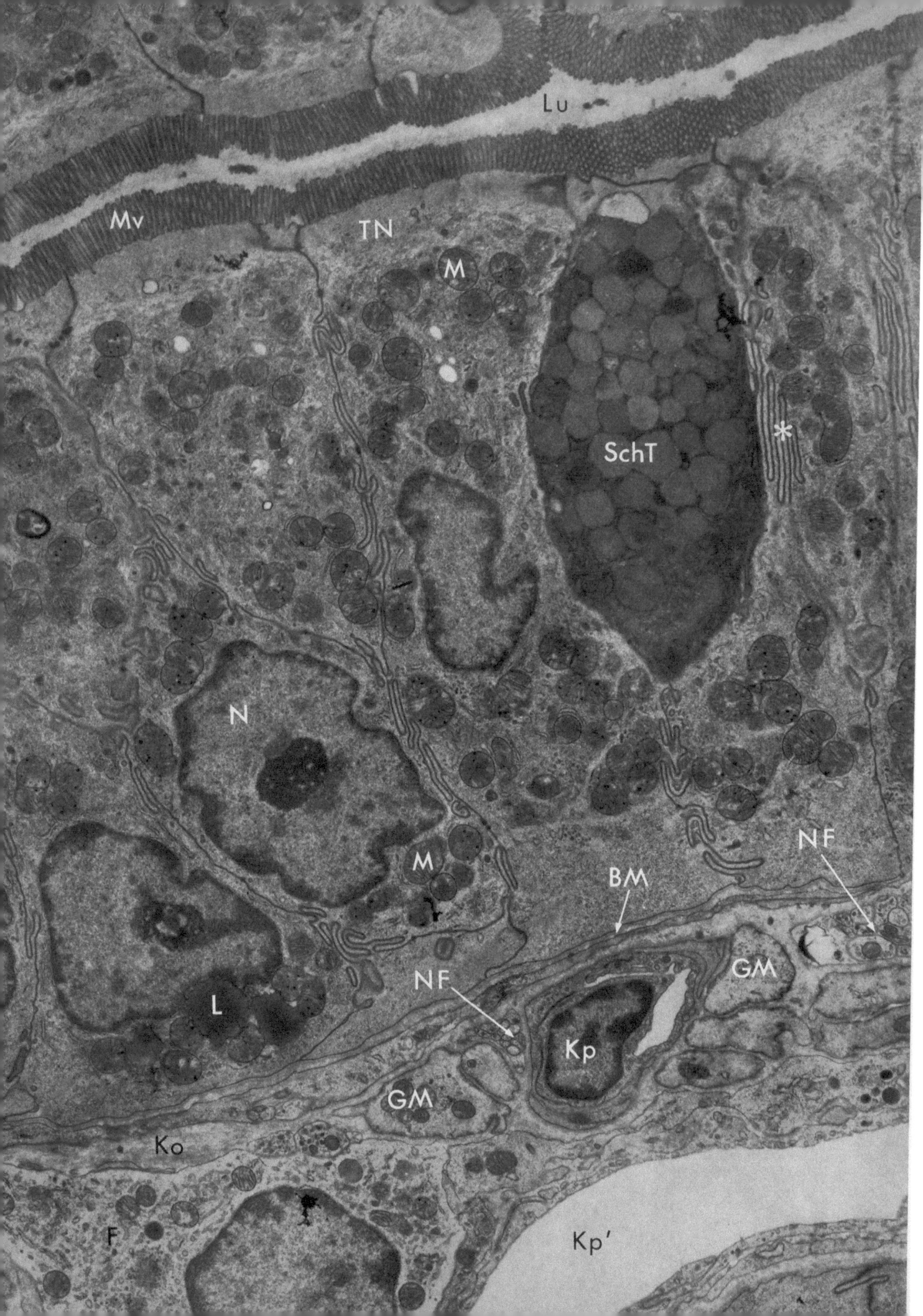

Tafel 6

Zylinderepithel des Darms [+]

Die Zylinderepithelzelle ist der vorherrschende Zelltyp innerhalb des Epithels, welches den Darm auskleidet. Diese schlanke Zelle ist ebenso hoch wie das Epithel selbst und erstreckt sich von der Basalmembran (BM) bis zum Lumen (Lu) des Darmes. Seit langem ist bekannt, daß die apikale Oberfläche der resorptiv tätigen Zellen spezielle Einrichtungen besitzt, aber die Natur dieser Einrichtungen war nicht klar, bis das Gewebe mit dem Elektronenmikroskop untersucht wurde. Der „gestreifte Saum" der lichtmikroskopischen Aufnahmen wurde als eine Reihe von fingerförmigen zytoplasmatischen Fortsätzen oder Mikrovilli (Mv) erkannt, von denen jede durch die Zellmembran der Darmzellen begrenzt wird. Die freie Oberfläche der Mikrovilli wird durch einen Belag (wahrscheinlich von Mukopolysacchariden) bedeckt und enthält ein Enzym, die ATP-ase. Sowohl der Belag als auch das Enzym sind wahrscheinlich in den biochemischen Anfangsprozeß der Absorption eingeschaltet. Das Material innerhalb der Mikrovilli geht kontinuierlich in eine fibrilläre ektoplasmatische Zone über, das sogenannte terminale Netzwerk (TN), das nicht die gewöhnlichen zytoplasmatischen Organellen enthält. Im Gegensatz dazu ist das Zytoplasma unterhalb des terminalen Netzwerks dicht angefüllt mit den gewöhnlichen Zellbestandteilen, wie zum Beispiel den Mitochondrien (M). Ebenso ist die Zone unterhalb des Zellkerns (N), wenn auch weniger ausgeprägt, mit Mitochondrien (M) und Lipoidtropfen (L) angefüllt.

An ihren Seitenflächen sind die Epithelzellen durch gewisse spezielle Einrichtungen der äußeren Zellzone und der Plasmamembran miteinander verbunden. Die benachbarten Zelloberflächen sind durch fingerförmige Einfaltungen miteinander verzahnt (*), oder sie treten in Form von besonders gestalteten Arealen der Anheftung auf, die man „tight junctions", Terminalriegel und Desmosomen nennt (siehe Tafel 9 und 12). Alle diese Strukturen zusammen bilden Verbindungszonen, an denen das Darmlumen vom Interzellulärraum des Epithels abgeriegelt wird.

Die Resorption von Fett aus dem Darmlumen wurde mit dem Elektronenmikroskop studiert. Bei den zur Klärung dieses Vorgangs angestellten Experimenten wurde fein emulgiertes Getreideöl in den Verdauungstrakt einer Ratte eingeführt und die nachfolgende Verdauung und Resorption dadurch verfolgt, daß man Gewebsstücke in verschiedenen Zeitintervallen nach der Fütterung untersucht hat. In elektronenmikroskopischen Aufnahmen von Osmium fixierten Geweben sind Lipoid-Tropfen als elektronendichte Partikel sichtbar. Solche Tropfen, besonders sehr kleine, schienen sich zuerst in den feinen Krypten zwischen den Mikrovilli anzusammeln, um dann völlig intakt in die Zelle einzutreten nach einem der Pinozytose (Trinken der Zelle) ähnlichen Vorgang. Da dieser Vorgang der Resorption immerhin sichtbar gemacht werden kann, ist es wahrscheinlich, daß durch die Diffusion von Glyzerin und Fettsäuren als Moleküle durch die Plasmamembran auch die Aufnahme der übrigen Fette erklärt wird. Einmal in die Zelle aufgenommen, werden diese Stoffe zu Lipoidtropfen innerhalb der Räume des ungranulierten ER gesammelt und zu den basalen Oberflächen der Epithelzellen transportiert, um dann im umgekehrten Vorgang der Pinozytose in den Interzellularraum abgegeben zu werden. Von hier aus gelangen die Tropfen zu den Lymphgefäßen.

Außerdem trägt das Darmepithel innerhalb des Epithelverbandes schleimsezernierende Becherzellen. Eine solche Zelle (SchT) ist in der vorliegenden Aufnahme zu sehen. In ihrem Inneren liegt dichtgedrängt eine Vielzahl von Sekrettropfen, die vom umgebenden Zytoplasma abgegeben worden sind.

Mit Hilfe des Elektronenmikroskops können auch Einzelheiten des komplizierten Bindegewebsapparates, wie etwa die Lamina propria, die hier unterhalb der Basalmembran (BM) sichtbar ist, aufgelöst werden. Man sieht Blutkapillaren im Quer- (Kp) und Längsschnitt (Kp'). Ebenfalls im Querschnitt sind feine glatte Muskelfasern (GM) und feinste autonome Nervenfasern (NF) dargestellt. Eine Bindegewebszelle, wahrscheinlich ein Fibrozyt, ist bei F dargestellt. Kollagenfasern (Ko), in ihre amorphe Grundsubstanz eingebettet, liegen überall zwischen den zellulären Elementen.

[+] Von der Fledermaus (Myotis lucifigus)
Vergrößerung 7500fach

Literatur

Brandt, P. W.: A consideration of the extraneous coats of the plasma membrane. In: Symposium on the Plasma Membrane (A. P. Fishman, editor), p. 1075. New York: New York Heart Association, Inc. 1961.

Leblond, C. P., and B. Messier: Renewal of chief cells and goblet cells in the small intestine as shown by radioautography after injection of thymidine-H^3 into mice. Anat. Rec. 132, 247 (1958).

—, H. Puchtler, and Y. Clermont: Structures corresponding to terminal bars and terminal web in many types of cells. Nature (Lond.) 186, 784 (1960).

Lewis, W. H.: Pinocytosis. Bull. Johns Hopk. Hosp. 49, 17 (1931).

Palay, S. L., and L. J. Karlin: An electron microscopic study of the intestinal villus. I. The fasting animal. J. biophys. biochem. Cytol. 5, 363 (1959).

— — An electron microscopic study of the intestinal villus. II. The pathway of fat absorption. J. biophys. biochem. Cytol. 5, 373 (1959).

Zetterqvist, H.: The ultrastructural organization of the columnar absorbing cells of the mouse jejunum. Stockholm: Aktiebolaget Godvil 1956.

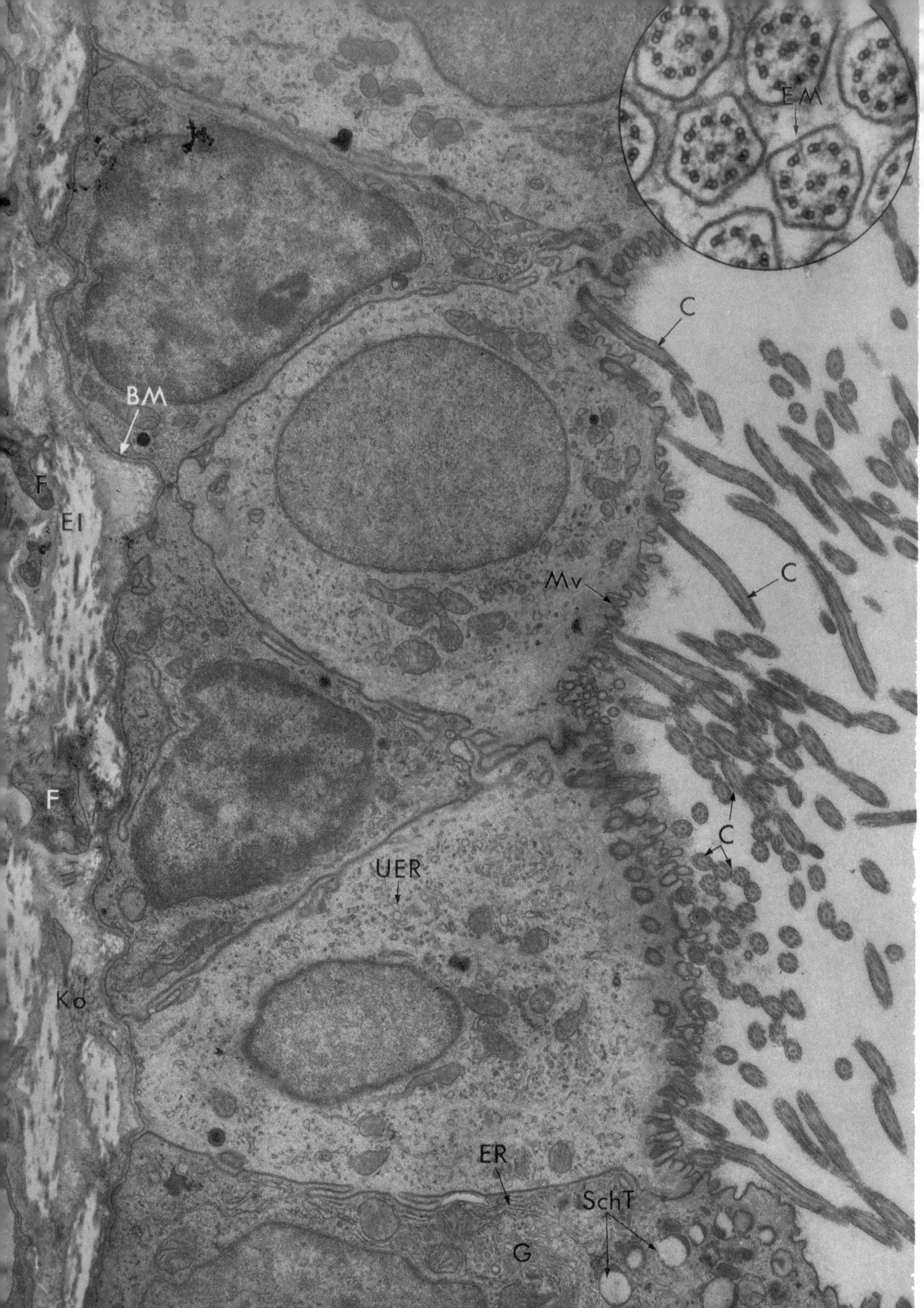

Tafel 7

Flimmerepithel der Trachea [+]

Die Entfernung von Fremdkörpern aus der Trachea wird durch Flimmerbewegung von Zilien bewerkstelligt, welche als lange, bewegliche Verlängerungen aus der freien Oberfläche gewisser Epithelzellen ragen. In der vorliegenden Aufnahme sieht man einige Zilien (C) im Längsschnitt am apikalen Pol der Zelle. Auf Grund ihrer Länge, ihrer Schlankheit (250 mμ im Durchmesser) und ihrer gewundenen Form sind die meisten Zilien nur teilweise im Schnitt getroffen und erscheinen so im Schräg- und Querschnitt (C'). Ähnlich wie die Mikrovilli (Mv), die ebenfalls aus den Zellen der Trachea emporragen, werden die Zilien durch eine dreischichtige Elementarmembran (EM, Einsatz) begrenzt. Zum Unterschied zu den Mikrovilli aber, besitzen die Zilien einen komplexen inneren Aufbau, der allen Zilien und Geißeln, gleichgültig ob von pflanzlichen oder tierischen Zellen, gemein ist. Die Struktur dieser Einrichtung kann am besten an einem Querschnitt gezeigt werden (Einsatzbild). So sieht man den „achtförmigen" Querschnitt von 9 doppelten Filamenten oder Mikrotubuli, die zu einem peripheren Ring vereinigt sind und im Zentrum ein weiteres Paar umschließen (der 9+2-Komplex); das ganze wird von der Plasmamembran umhüllt. Die fadenförmige Natur dieser Struktureinheiten kann aus Längsschnitten erschlossen werden. An der Basis jeder Zilie findet sich ein Basalkörperchen, das im Bau sehr dem Zentriol ähnelt. Seit der ersten Entdeckung dieser Struktureinheit sind ausführlichere Beschreibungen der verschiedensten Bestandteile der Zilien veröffentlicht worden. Verschiedene Mechanismen der ziliaren Bewegung wurden vorgeschlagen, welche auf Strukturbesonderheiten basieren, die uns das Elektronenmikroskop gezeigt hat. Jedoch der Mechanismus, durch den die Zilien bewegt werden, und die Art, wie die Bewegungen zur Wellenform koordiniert werden, konnten bisher nicht befriedigend erklärt werden.

Die Flimmerepithelzellen wechseln in der Reihenfolge mit zilienlosen, schleimsezernierenden Zellen, in deren apikaler Zone Schleimtropfen (SchT) beobachtet werden können. Das Zytoplasma der Schleimzellen ist dicht angefüllt mit Organellen — Mitochondrien, endoplasmatischem Retikulum (ER) —, während in dem Zytoplasma der Flimmerzellen, die ja kein Sekret ausscheiden, andere Zellbestandteile als Mitochondrien nur sehr spärlich verteilt liegen. Zum Beispiel wird das endoplasmatische Retikulum der letztgenannten Zellen in der Hauptsache von schmalen, ungranulierten Bläschen (UER) repräsentiert, und auch der Golgi-Apparat (in der Nähe der Buchstaben ER) ist nicht so ausgeprägt wie derjenige der sekretorischen Zellen (G).

Obwohl sich die Flimmerzellen und die Schleimzellen beide über die ganze Höhe des Epithels erstrecken, kann man an leichten Schrägschnitten diese Tatsache nicht deutlich erkennen. In dieser Aufnahme erscheinen manche Zellen schichtweise angeordnet, während andere deutlich als Teil eines einschichtigen Epithels gesehen werden. Die Anordnung der Kerne in zwei oder mehreren Lagen innerhalb des Epithels, bei dem die Zellen sonst mit der Basalmembran in Berührung stehen, hat zu der Bezeichnung „mehrreihig" geführt.

Unterhalb dieses Epithels findet sich wie bei allen Epithelien eine feine Basalmembran (BM), welche wiederum auf einer ziemlich dicken Lage von fibrösem Bindegewebe ruht. Teile von Fibrozyten (F) liegen im Verband von kollagenen (Ko) und elastischen (EL) Faserbündeln, die reichlich in der Grundsubstanz des Bindegewebes vorhanden sind. Diese Lage von Bindegewebe entspricht der dicken basalen Lamelle, die im lichtmikroskopischen Bild an der Trachea gesehen wird.

[+] Aus der Trachea der Fledermaus
Vergrößerung 13 000fach
Einsatzbild 97 000fach aus der Trachea der Ratte

Literatur

FAWCETT, D. W.: Cilia flagella. In: The Cell (J. BRACHET and A. E. MIRSKY, editors), vol. II, p. 217. New York: Academic Press 1961.

—, and K. R. PORTER: A study of the fine structure of ciliated epithelia. J. Morph. **94**, 221 (1954).

GIBBONS, I. R.: The relationship between the fine structure and direction of beat in gill cilia of a lamellibranch mollusc. J. biophys. biochem. Cytol. **11**, 179 (1961).

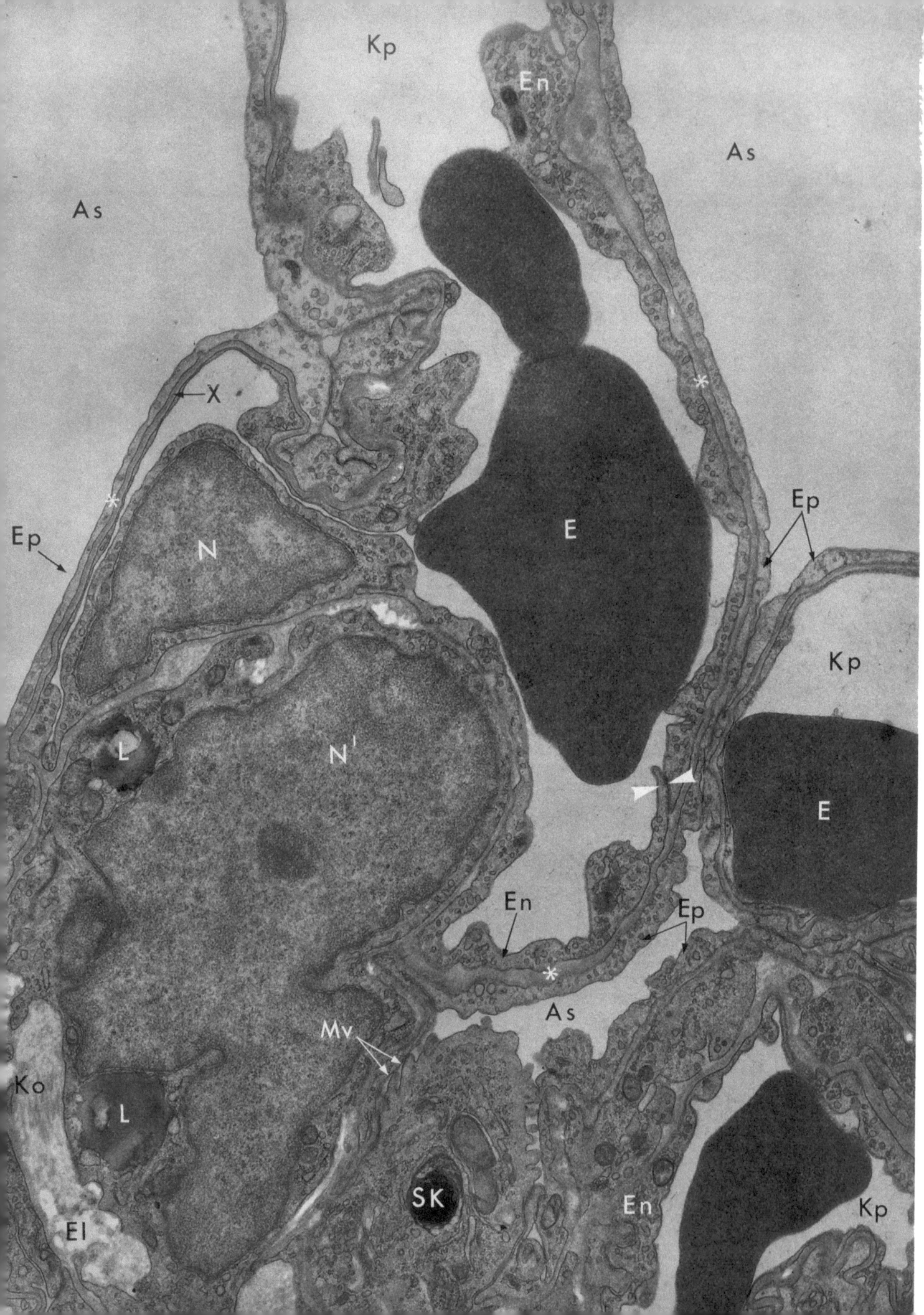

Tafel 8

Das Interalveolarseptum der Lunge [+]

Die Interalveolarsepten stellen Trennwände dar, welche die Alveolarsäckchen oder die Lufträume der Lunge voneinander trennen. Sie bilden das respiratorische Gewebe, das heißt, den Ort des Gasaustausches zwischen Luft und Blut. Sie sind so dünn, daß erst bei der Untersuchung mit dem Elektronenmikroskop ihre Struktur deutlich zutage trat. In der vorliegenden Aufnahme sind Teile von einigen Alveolarsäckchen (AS) enthalten, von denen jedes von einem äußerst dünnen einschichtigen Epithel (Ep) ausgekleidet ist. Die Epithelauskleidung, welche in diesem Bild ziemlich deutlich über eine weite Strecke verfolgt werden kann, zeigt in ihrem Verlauf keine Unterbrechung.

Das Septum ist natürlich reichlich vaskularisiert. Hier kann die dünne epitheliale Zellauskleidung (En) von 3 Kapillaren (Kp), von denen jede einen Erythrozyten (E) enthält, genauer betrachtet werden. Das weite, unregelmäßig geformte Gefäß im oberen Teil des Bildes besitzt eine Auskleidung, die kennzeichnend dünn ist, und dies an einigen Stellen (X) besonders ausgeprägt. Jedoch ist sie genau wie das Alveolarepithel überall lückenlos, selbst entlang der Verbindungslinien zwischen zwei Zellen (Pfeile). Lediglich in der Region des Zellkerns (N) ist der Epithelsaum massenmäßig verdickt. Jedes dieser einschichtigen Epithelien besitzt seine eigene Basalmembran, aber an Stellen, an denen sie eng aneinander liegen, scheinen sich diese zu einer einzigen Lage zu vereinigen (*). An solchen Stellen ist die gesamte Wand (Alveolarepithel, Basalmembran und Kapillarendothel) zusammen nur 100 mμ dick; dies liegt unter dem Auflösungsvermögen des Lichtmikroskops.

Ein auffallendes Merkmal der Endothelzellen sind membrangebundene Grübchen und Bläschen, die überall an den beiden Oberflächen der Zelle und im dazwischenliegenden Zytoplasma vorkommen. Die Grübchen erscheinen als Einstülpungen der Plasmamembran, und die allgemein gängige Interpretation ihrer Funktion besagt, daß sie in das Zytoplasma eingelassen sind, um ihren Inhalt auf die andere Seite der Zelle zu transportieren (Pinozytose), der dort in die Gegend der Basalmembran abgegeben wird. Der physiologische Nachweis des Transports solcher Materialeinheiten oder „Quanten" konnte bisher nicht erbracht werden. Ähnliche Bläschen findet man auch im Alveolarepithel, und ihre Anwesenheit dort deutet darauf hin, daß solche Strukturen eine allgemeine Funktion in einschichtigen Epithelien haben.

Die Zwischenräume innerhalb der feinen Septen sind durch Bündel von kollagenen (Ko) und manchmal auch elastischen (EL) Fasern ausgefüllt, welche eine wichtige Rolle beim Zusammenziehen der Lunge während der Exspiration spielen. Diese Fasern werden von den Zellen des Septum produziert, die wiederum Bestandteile des Bindegewebes zwischen den Kapillaren sind.

Andere dieser Septumzellen bilden den Schutz der Lunge gegen fremdes Material oder Organismen. Eine solche langgestreckte Zelle mit unregelmäßigem Kern (N') ist unten links zu sehen. Sie enthält Lipoidtropfen (L) und entspricht möglicherweise den von den Lichtmikroskopikern beschriebenen vakuolisierten Septaleinheiten. Solche Elemente hält man für potentielle Makrophagen, die auch „Staubzellen" genannt werden. Im unteren mittleren Teil des Bildes ist ein kleiner Teil einer solchen dargestellt. Ihre zarten Mikrovilli (Mv), die in das Alveolarsäckchen vorragen, heben sich deutlich von der mehr glatten Oberfläche des benachbarten Epithels ab, und das elektronendichte Körperchen in ihrem Zytoplasma stellt möglicherweise den Rest von Staubmaterial (SK) dar, welches von der Zelle aufgenommen und verarbeitet worden ist.

[+] Aus der Lunge der Laboratoriumsmaus (Mus musculus)
Vergrößerung 18000fach

Literatur

Bennett, H. S., J. H. Luft, and J. C. Hampton: Morphological classifications of vertebrate blood capillaries. Amer. J. Physiol. **196**, 381 (1959).

Karrer, H. E.: The ultrastructure of mouse lung. General architecture of capillary and alveolar walls. J. biophys. biochem. Cytol. **2**, 241 (1956).

Low, F. N.: The pulmonary alveolar epithelium of laboratory mammals and man. Anat. Rec. 117, 241 (1953).

Palade, G. E.: Blood capillaries of the heart and other organs. Circulation **24**, 368 (1961).

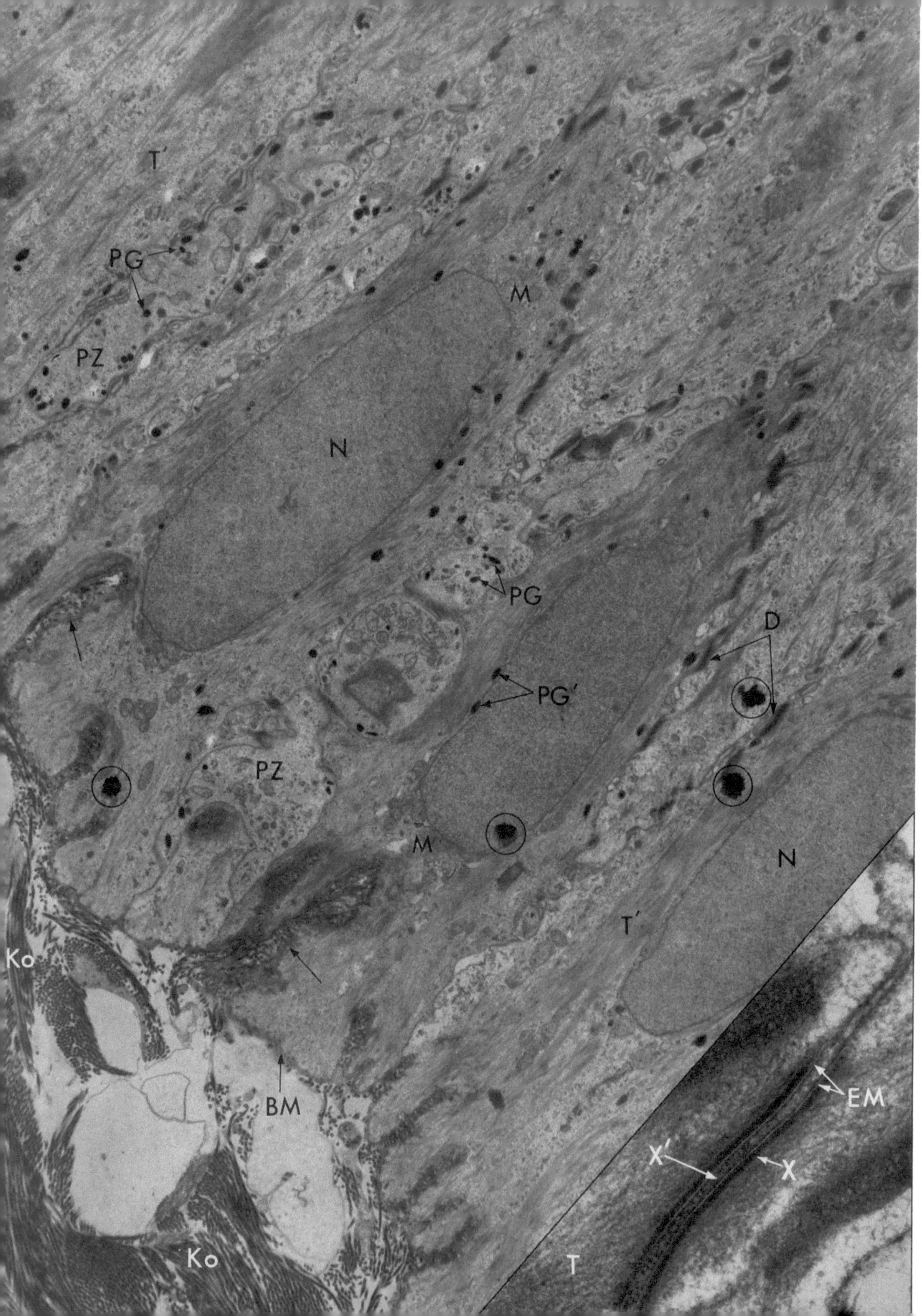

Tafel 9

Die Keimschicht der Epidermis [+]

Die basale Zellschicht der geschichteten Epidermis wird als *stratum germinativum* bezeichnet, da sie während des ganzen Lebens Zellen für die Erneuerung der oberflächlichen Hautschichten bereitstellt. Einige Strukturbesonderheiten der Zellen der Keimschicht können in der vorliegenden Aufnahme betrachtet werden.

Die Epidermis ruht auf einer Lage von Bindegewebe, die als Corium bezeichnet wird. Dieses ist hauptsächlich ein dicht verwobenes Netz von kollagenen Fibrillen (Ko). Obwohl Corium und Epidermis durch eine dünne Basalmembran (BM) voneinander getrennt sind, was bei dieser niedrigen Vergrößerung nicht deutlich zutage tritt, sind sie doch fest miteinander verbunden. Zapfenförmige Stränge (Pfeile) von Bindegewebe greifen in die Einfaltungen der Plasmamembran der Basalzellen. Die unregelmäßige Anordnung der Grenze zwischen den Gewebsschichten ergibt eine feste Verankerung für die oberflächliche Epidermis und erlaubt ohne Zweifel auch zeitweise eine beachtliche Spannung der Haut.

Die Zellen der Keimschicht sind säulenförmig und stehen mit ihrer Längsachse senkrecht zur freien Oberfläche der Haut. Die länglichen Kerne (N) von einigen sind in diesem Bild sichtbar. Häufig finden sich Ansammlungen von Mitochondrien (M) an den Polen der Kerne, Strähnen von Tonofilamenten (T'), die Tonofibrillen enthalten, sind das am meisten ins Auge fallende Kennzeichen dieser Zellen. Im allgemeinen verlaufen die Fibrillen parallel zur Zellachse. Obwohl die Bestandteile des endoplasmatischen Retikulum spärlich vorhanden sind, finden sich doch reichlich Ribonukleoprotein-Partikel, die zum Teil in die Synthese der Tonofilamente verwickelt sind.

Sobald die Basalzellen sich zur freien Oberfläche der Haut bewegen, unterliegen sie der Verhornung. Die äußerst wichtigen Vorgänge dieses komplexen Prozesses können wie folgt zusammengefaßt werden: (1) Im Laufe ihrer Wanderung verlieren die Zellen ihre säulenförmige Gestalt, werden mehr rund und schließlich abgeplattet, sobald sie parallel zur freien Oberfläche zu liegen kommen. (2) Im Verlauf ihrer Differenzierung verlieren die Zellen Kern, Mitochondrien und RNP-Partikel. (3) Die Tonofibrillen treten deutlicher im Zytoplasma hervor. (4) Die Fibrillen werden am Ende ein Teil des Hornmaterials, welches die plattenförmigen Zellen des *stratum corneum* ausfüllt und die äußerste Zellschicht bildet. In diesem letzten Stadium der Differenzierung verbinden sich die Fibrillen mit der dichten intrazellulären Matrix. Letztere scheint sich von den Keratohyalin-Granula herzuleiten, die als elektronendichte Strukturen zuerst in den mittleren Schichten der Epidermis vorkommen.

Die Tonofilamente, die man allgemein in Zylinderepithelzellen finden kann, werden als strukturiertes Protein betrachtet, welches der Epidermis Festigkeit verleiht, ohne daß sie ihre Geschmeidigkeit verliert. Die bisherigen Untersuchungsergebnisse deuten darauf hin, daß die Filamente aus dem Protein Keratin bestehen, welches aus der Haut isoliert und hauptsächlich durch Röntgenbeugung identifiziert worden ist.

Der Zusammenhalt der Epidermis wird durch Adhäsionsstellen gesichert, welche Desmosomen (D) genannt werden und die Zellen untereinander verbinden. Das lichtmikroskopische Bild dieser Strukturen führte zu der Auffassung, daß sie Interzellularbrücken darstellen, durch die das Zytoplasma der einen Zelle mit dem der anderen zusammenhängt. Jetzt aber ziehen elektronenmikroskopische Aufnahmen diese Interpretation in Zweifel, da keinerlei offene Kanäle beobachtet werden. Vielmehr sind, wie in dem Einsatzbild gezeigt wird, elektronendichte Platten (X) an einander entsprechenden Zonen nahe der Zelloberfläche, aber noch innerhalb des Zytoplasmas jeder Zelle in einer Linie angeordnet. Die Plasmamembran, welche die Zelle begrenzt, besteht aus zwei dichten Linien und einer dazwischenliegenden Schicht von geringer Dichte. Diese dreischichtige Struktur wird als Elementarmembran bezeichnet und soll bei allen lebenden Membranen gleich gebaut sein (siehe Tafel 10). In der Gegend des Desmosom scheint die innen gelegene der beiden dichten Linien mit dem elektronendichten Material der Platte zusammenzufließen (X). Üblicherweise zeigt der Raum zwischen zwei benachbarten Zellen keinen sichtbaren Inhalt oder eine Struktur, doch ist dieser Zwischenraum in der Gegend des Desmosom von einem Material erfüllt (X'), welches wahrscheinlich als Bindemittel dient. An die intrazelluläre Fläche des Desmosom sind Tonofilamente (T) angeheftet, die in vielen Fällen mit denen der Faserbündel zusammenhängen.

Daneben enthält die basale Schicht der Epidermis einen Zelltyp, der von dem bereits beschriebenen sehr verschieden ist. Es ist dies der Melanozyt oder die Pigmentzelle (PZ). Diese gefärbten Zellen beginnen ihre Entwicklung nicht innerhalb der Epidermis, sondern sie wandern in einem frühen Stadium des Embryonallebens von einem Gebiet nahe dem sich entwickelnden Zentralnervensystem aus und dringen endlich in die Epidermis ein. Man hat keine Schwierigkeit, diese Zellen von anderen zu unterscheiden. Die Tonofibrillen ihrer Nachbarzellen fehlen bei ihnen, und sie werden nicht durch Desmosomen in ihrer Lage verankert. Sie werden häufig mit dem Adjektiv dentritisch gekennzeichnet, und ihre Ausläufer sind in die mehr regelmäßig angeordneten Zellen um sie herum eingezwängt. Im vorliegenden Bild sind verschiedene Ausschnitte von Pigmentzellen (PZ) sichtbar. Es wurden einige Untersuchungen über den Feinbau während der Pigmentbildung gemacht, und manche Forscher glauben, daß das Pigment ähnlich gebildet wird wie Proteine, die von anderen Zelltypen, wie etwa den Azinuszellen des Pankreas (siehe Tafel 3), für die Sekretion bereitgestellt werden.

Der alleinige Sitz der Pigmentbildung liegt in den Melanoblasten oder Melanozyten. Nur sie allein enthalten ein Enzym, das in der Lage ist, aus einem experimentell dem Gewebe angebotenen künstlichen Substrat (Dihydroxyphenylalanin oder DOPA) schwarzes Pigment zu bilden. Diese Reaktion wird zur Identifizierung von potentiellen Pigmentzellen benutzt, in denen möglicherweise noch keine reifen Granula vorhanden sind. Die Melaninsynthese *in vivo* umfaßt die Umwandlung von Tyrosin. Dieser Vorgang unterscheidet sich in gewisser Beziehung von der oben beschriebenen experimentellen Synthese. In der Natur wirkt offensichtlich das Sonnenlicht auf das Tyrosin in der Haut ein und bildet ein dem DOPA ähnliches Zwischenprodukt, welches seinerseits wiederum enzymatisch in Melanin umgewandelt wird. Einmal gebildet, können die Pigmentgranula (PG) von den Melanozyten auch in andere Epidermiszellen (PG') und in Phagozyten der Haut übertragen werden. (Die dichten Partikel innerhalb der Kreise stellen Verunreinigungen des Präparates dar.)

Das Pigment bietet einen Schutz gegen die äußeren Einflüsse des Sonnenlichtes, gegen Verbrennung, Austrocknung, die Entstehung von Tumoren und möglicherweise gegen die übermäßige Bildung von Vitamin D in den tieferen Schichten der Haut. Aus diesem Grund ist die Pigmentzelle physiologisch und strukturell sorgfältig in das Gesamtgefüge der Haut eingebaut.

+ Aus der menschlichen Haut (Handrücken)
Vergrößerung 9000fach
Einsatzbild 124000fach

Literatur

BIRBECK, M. S., A. S. BREATHNACH, and J. D. EVERALL: An electron microscope study of basal melanocytes and high-level clear cells (Langerhans cells) in vitiligo. J. invest. Derm. **37**, 51 (1961).

BRODY, I.: An ultrastructural study of the role of the keratohyalin granules in the keratinization process. J. Ultrastruct. Res. **2**, 482 (1959).

CHARLES, A., and J. T. INGRAM: Electron microscope observations of the melanocyte of the human epidermis. J. biophys. biochem. Cytol. **6**, 41 (1959).

GIROUD, A., and C. P. LEBLOND: The keratinization of epidermis and its derivatives, especially the hair, as shown by x-ray diffraction and histochemical studies. Ann. N. Y. Acad. Sci. **53**, 613 (1951).

MOTOLTSY, A. G.: Mechanism of keratinization. In: Fundamentals of Keratinization (E. O. BUTCHER and R. F. SOGNNAES, editors), Pub. No 70, AAAS, Washington, D.C., p. 1 (1962).

RAWLES, M. E.: Origin of pigment cells from the neural crest in the mouse embryo. Physiol. Zool. **20**, 248 (1947).

RHODIN, J. A. G., and E. J. REITH: Ultrastructure of keratin in oral mucosa, skin, esophagus, claw, and hair. In: Fundamentals of Keratinization (E. O. BUTCHER and R. F. SOGNNAES, editors), Pub. No 70, AAAS, Washington, D.C., p. 61 (1962).

ROTHMAN, S.: Oxidation of tyrosine by ultraviolet light in its relation to human pigmentation. Proc. Soc. exp. Biol. (N. Y.) **44**, 485 (1940).

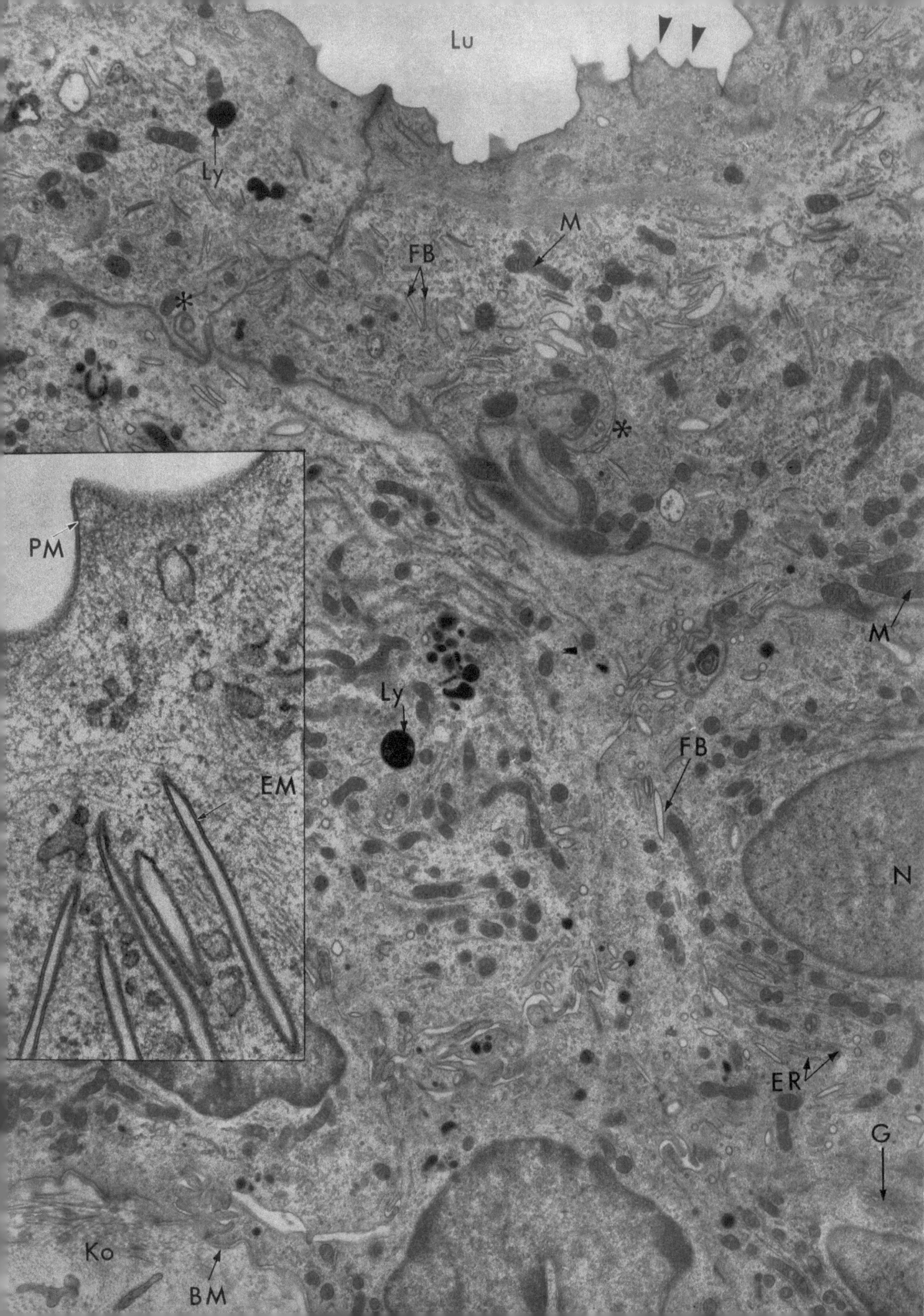

Tafel 10

Übergangsepithel [+]

Die ableitenden Harnwege werden von einem Übergangsepithel ausgekleidet, welches sich schnell an Veränderungen der von ihm bedeckten Oberfläche anpassen kann. Die Untersuchung der Feinstruktur dieses Gewebes bietet einige Einblicke in seine Funktionsweise.

Das in der vorliegenden Aufnahme abgebildete Epithel besteht aus zwei bis drei Zellschichten, welche auf einer dünnen Basalmembran (BM) und einer darunterliegenden Schicht von kollagenen Fibrillen (Ko) ruhen. Wie in den meisten Zelltypen können leicht Kern (N), Mitochondrien (M), Lysosomen (Ly) und ein ausgedehnter Golgi-Apparat (G) neben den granulatragenden Oberflächen der Zisternen des endoplasmatischen Retikulum (ER) identifiziert werden. Zusätzlich finden sich einige Strukturbesonderheiten, durch die sich die Zellen dieses Gewebes von anderen unterscheiden. Zum Beispiel ist die das Lumen der Blase begrenzende Oberfläche (Lu) durch kammartige Vorsprünge und Vertiefungen ausgezeichnet, die ihr ein ausgezacktes Aussehen verleihen (Pfeile). Die Zellschicht direkt unter dieser Oberfläche wird durch ein dickes Faltwerk von feinem fibrösem Material deutlich verstärkt. Innerhalb dieses Netzwerks und auch im tiefer gelegenen Zytoplasma der oberflächlichen Zellen finden sich viele leere Bläschen, die durch ihre spindelförmige Gestalt ein besonderes Aussehen erhalten (FB). Lediglich bei niedriger Vergrößerung erscheint die Grenzmembran dieser Bläschen dick, aber bei genauer Betrachtung mit höherer Vergrößerung (Einsatzbild), hat sie die gleiche Dicke (100 Å) und den dreischichtigen Aufbau der Elementarmembran (EM), die mit der Plasmamembran (PM) identisch ist, welche die freie Oberfläche der Zellen bedeckt.

Darüberhinaus deuten Struktur und Ausdehnung von Spalten in der freien Oberfläche darauf hin, daß die zusammengepreßten Bläschen sich bilden, wenn benachbarte kammartige Erhebungen sich zu einer einzigen vereinigen und die Vertiefung zwischen ihnen in das Zytoplasma einbezogen wird. Die daraus sich ergebenden Bläschen könnten also als Strukturen betrachtet werden, in denen die Plasmamembran sozusagen gespeichert wird und aus denen Membranflächen, die für die Ausdehnung der Zelloberfläche gebraucht werden, schnell mobilisiert werden können. Diese Hypothese ist allerdings höchst spekulativ. Andererseits wurde angenommen, daß die Bläschen überflüssiges Wasser aus den Zellen entfernen. Beide Interpretationen sind nützlich, um Untersuchungen anzuregen, welche die Rolle dieser ungewohnten Strukturen in der Funktionsweise des Übergangsepithels klären sollen.

Eine weitere, die Deutung erschwerende Einrichtung ist durch zahlreiche Einfaltungen (*) und fingerförmige Einstülpungen gekennzeichnet, die den Übergang zu den tiefergelegenen Zellen des Epithels bilden. Sie sind ebenfalls als eine andere Art von Membran„speicher" anzusehen, und die Falten scheinen während der Ausdehnung der Blase zu verschwinden, um eine relativ glatte oder flache Oberfläche zu ergeben. Es ist unter diesem Gesichtspunkt beachtenswert, daß nur wenige schmale Desmosomen diese Epithelzellen verbinden, so daß sie vermutlich freier übereinandergleiten können, wenn das Lumen der Blase seine Größe ändert.

[+] Aus der Harnblase der Laboratoriumsmaus
Vergrößerung 8500fach
Einsatzbild 77000fach

Literatur

RICHTER, W. R., and S. M. MOIZE: Electron microscopic observations on the collapsed and distended mammalian urinary bladder. J. Ultrastruct. Res. **9**, 1 (1963).

WALKER, B. E.: Electron microscopic observations on transitional epithelium of the mouse urinary bladder. J. Ultrastruct. Res. **3**, 345 (1960).

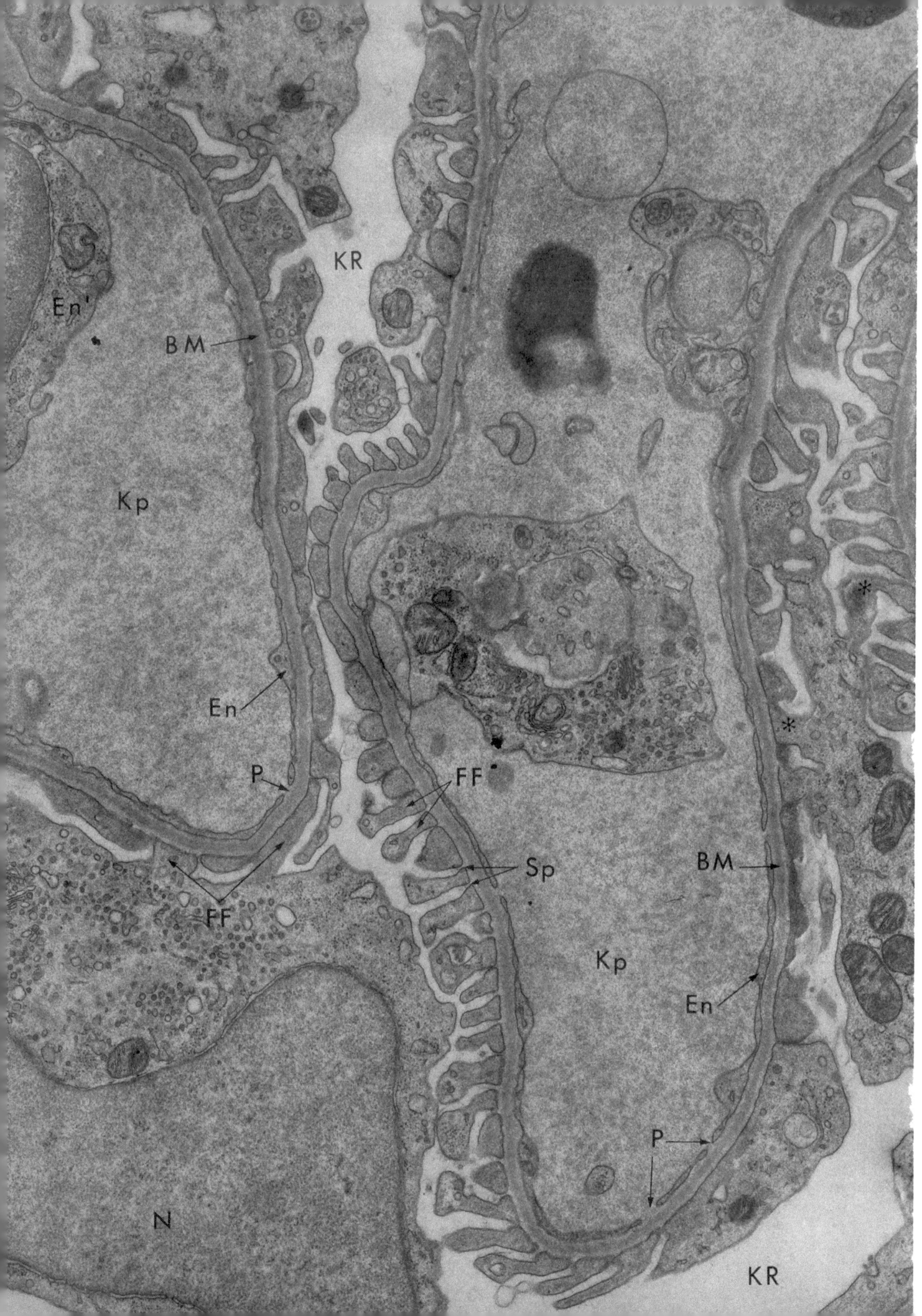

Tafel 11

Das Nierenkörperchen [+]

Im Nierenkörperchen wird der Urin anfänglich als ein Ultrafiltrat des Blutes gebildet: Moleküle mit einem Molekulargewicht von mehr als 45000 werden im zirkulierenden Blut zurückgehalten, während kleinere in den Kapselraum oder in das Lumen des Nephron abfiltriert werden. In der vorliegenden elektronenmikroskopischen Aufnahme kann man den morphologischen Aufbau des Nierenfilters studieren.

Die kapillären Gefäße, die das Glomerulum bilden, werden von extrem dünnen Endothelzellen (En) ausgekleidet. Nur in der Gegend des Kerns (wie bei En') ragt die Zelle in das Lumen des Gefäßes (Kp) vor. In dieser Aufnahme sind die Endothelzellen der Kapillaren meistens im Profil an ihrer schmalsten Seite getroffen. So kann das hervorstechendste Kennzeichen dieser Zellen sichtbar gemacht werden: die Poren oder Fenster (P), welche das Blutplasma in direkten Kontakt mit der darunterliegenden Basalmembran (BM) bringen. Letztere ist im Nierenkörperchen relativ dick und stellt die Vereinigung von zwei derartigen Membranen dar, der des Glomerulumendothels und des Kapselendothels. Neuerdings wurde teils auf Grund von Studien mit dem EM ein weiterer Zelltyp, die „tiefen" Zellen, identifiziert. Er ist normalerweise zwischen die Endothelzellen und die Basalmembran geschaltet.

Das den Kapselraum der Bowmanschen Kapsel auskleidende Epithel hat, wie gefunden wurde, ebenfalls einige sonst nicht übliche Strukturbesonderheiten. Es ist aus flachen Zellen zusammengesetzt, die schmale zytoplasmatische Fortsätze oder „Füßchen" aussenden, welche auf der Basalmembran ruhen. Diese Fortsätze sind so innig mit denen der benachbarten Zellen verzahnt, daß in jedem beliebigen Schnitt, der senkrecht zur Basalmembran geführt ist, das Epithel als eine Reihe von fußförmigen Profilen erscheint. Auf Grund dieser Struktur hat man die Zellen als Podozyten bezeichnet.

In der vorliegenden Aufnahme sieht man den Kern (N) eines Podozyten neben den zytoplasmatischen Ausläufern dieses und anderer Podozyten, die auf der Basalmembran (BM) ruhen. Es ist bekannt, daß einzelne Podozyten mit ihren „Füßchen" auf die Basalmembran von benachbarten Kapillaren übergreifen, und wirklich erstreckt sich in diesem Bild das „Füßchen" einer Zelle auf zwei verschiedene Kapillaren (*). In dieser verwickelten Anordnung der Epithelzellen der Bowmanschen Kapsel sind Zwischenräume oder Spalten (Sp) zwischen den zytoplasmatischen „Füßchen" gelassen. In den Aufnahmen einiger Untersucher erscheinen diese Spalten jedoch mit äußerst dünnen Membranen überbrückt. Die Spalten zusammen mit der Basalmembran würden deshalb als Nierenfilter anzusehen sein, das bestimmt, welche Molekulargröße in das Nephron übertreten darf. Untersuchungen an nephrotischen Nieren haben ergeben, daß die Eigenschaften dieses Filters von den anliegenden Zellschichten bestimmt werden. Bei dieser Krankheit zeigen die Epithelzellen, insbesondere die „tiefen" Zellen, gesteigerte Phagozytose von eingebrachten Spurenmolekülen wie etwa Ferritin. Eine noch ausgeprägtere Reaktion auf solche Testsubstanzen wurde in den Podozyten beobachtet. Man findet dann weniger Spalten zwischen den „Füßchen", und die verbleibenden erscheinen oft durch Verbindungen verschlossen, um so die Passage von Material zu verhindern. Anstatt durch die Spalten zu dringen, wird die Testsubstanz eher in verschiedene Vakuolen, Granula und Körperchen innerhalb der Epithelzellen aufgenommen und muß zuerst diese zelluläre Barriere durchdringen, bevor sie in den Kapselraum (KR) gelangen kann. Die zellulären Reaktionen bei der Nephrose sind vermutlich Teil eines Mechanismus, der, wenn auch nur unvollkommen, in der Lage ist, eine vermehrte und abnorme Permeabilität des Filters zu kompensieren.

[+] Aus der Niere der Laboratoriumsmaus
Vergrößerung 29 500fach

Literatur

FARQUHAR, M. G., and G. E. PALADE: Glomerular permeability. II. Ferritin transfer across the glomerular capillary wall in nephrotic rats. J. exp. Med. **114**, 699 (1961).
—, S. L. WISSIG, and G. E. PALADE: Glomerular permeability. I. Ferritin transfer across the normal glomerular capillary wall. J. exp. Med. **113**, 47 (1961).
LATTA, H., A. B. MAUNSBACH, and S. C. MADDEN: The centrolobular region of the renal glomerulus studied by electron microscopy. J. Ultrastruct. Res. **4**, 455 (1960).
RHODIN, J. A. G.: The diaphragm of capillary endothelial fenestrations. J. Ultrastruct. Res. **6**, 171 (1962).
YAMADA, E.: The fine structure of the renal glomerulus of the mouse. J. biophys. biochem. Cytol. **1**, 551 (1955).

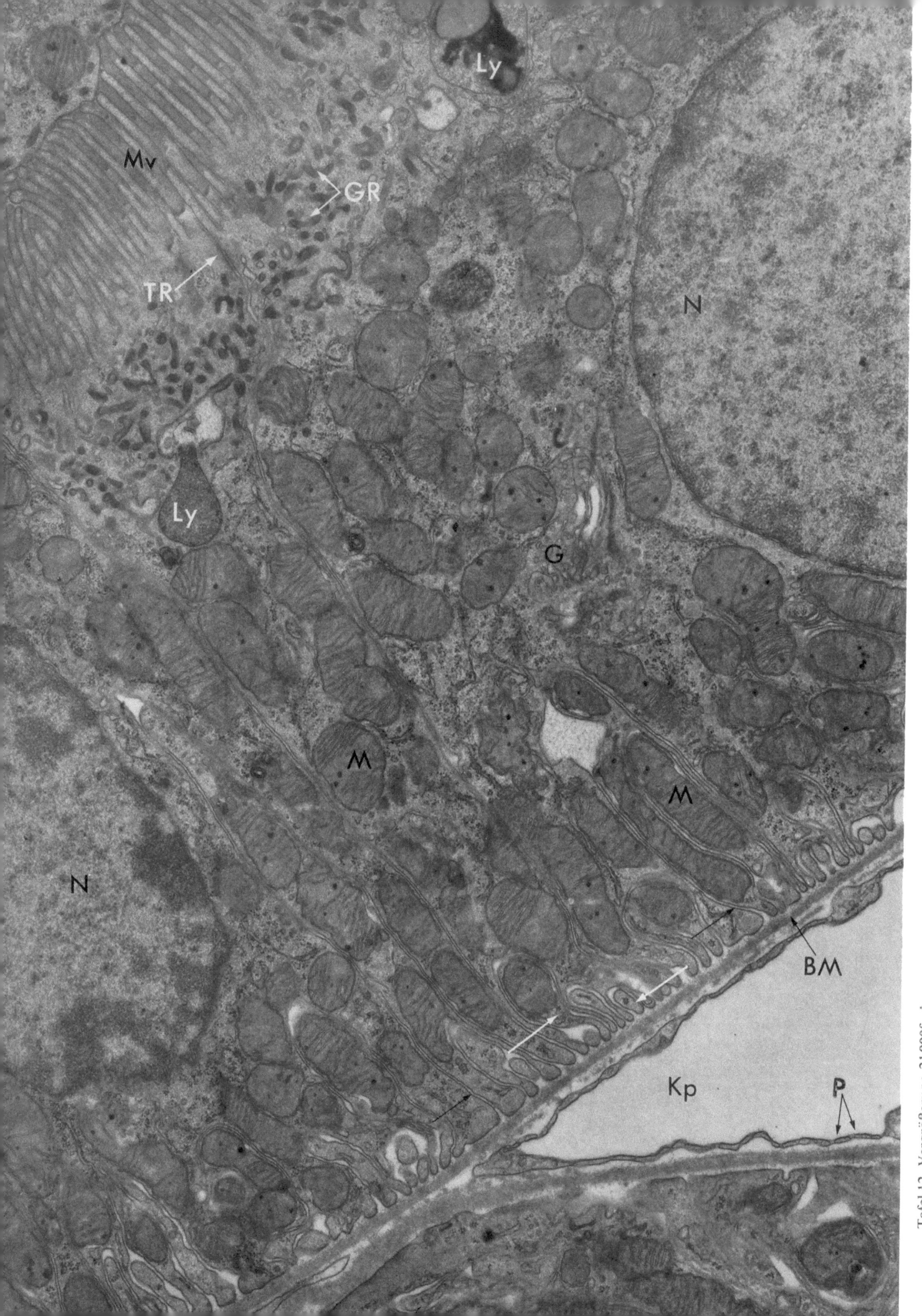

Tafel 12

Die Zellen des proximalen Tubulus contortus [+]

Nach Verlassen des Kapselraumes der Bowmanschen Kapsel gelangt das glomeruläre Filtrat in das Lumen des proximalen Tubulus contortus. Hier werden eine Anzahl von wichtigen Stoffwechselprodukten und beträchtliche Mengen von Wasser rückresorbiert, um so das innere Milieu konstant zu halten. Der Transport dieser Stoffe aus dem Lumen des Nephrons durch das Tubulusepithel hindurch ist ein aktiver Prozeß, das heißt, die Zelle muß dazu Energie liefern.

Es liegt inzwischen begrenztes zytologisches Beweismaterial vor, das uns einige Auskunft über diese Transportphänomene gibt. Genau wie im Falle des resorptiven Darmepithels besitzen die Zellen des proximalen Tubulus contortus zahlreiche, dichtgepackte Mikrovilli (Mv). Im lebenden Zustand ragen sie in das offene Lumen des Nephrons, welches so wie hier sehr oft verschlossen ist, da das Nephron während der elektronenmikroskopischen Präparation häufig zusammenfällt. Die Elektronenmikroskopiker haben das Wandern von dichten Markierungssubstanzen wie Hämoglobin oder Ferritin verfolgt, die so eingeführt wurden, daß sie unter Umständen den Kapselraum erreichen konnten (siehe Tafel 11), und haben beobachtet, daß diese Substanzen zwischen den Mikrovilli in tiefen schmalen Spalten und Grübchen wie von Trichtern festgehalten werden. Diese endigen in feinen Taschen, die speziell dafür geschaffen scheinen, größere Proteinmoleküle aus dem Filtrat aufzunehmen. Anschnitte dieser tubulären Einstülpungen (GR) sind reichlich im apikalen Zytoplasma vorhanden. Wenn sie gefüllt sind, runden sich offensichtlich die terminalen Taschen ab, und die so gebildeten Bläschen wandern in die Tiefe der Zellschicht. Hier vereinigen sie sich manchmal zu größeren Vesikeln, und ihr Inhalt verschmilzt zu größeren Granula. Neuere histochemische Untersuchungen haben gezeigt, daß diese von einer Membran umhüllten Körperchen weiteren Veränderungen unterworfen sind und daß sie die Eigenschaften von Lysosomen (Ly) annehmen. Es wird deshalb angenommen, daß ihr Inhalt schrittweise hydrolysiert wird, jedoch das endgültige Schicksal der Moleküle kann mit dem Elektronenmikroskop nicht aufgedeckt werden. Es ist bezeichnend, daß der Transport eher durch die Zellen des Tubulus als zwischen ihnen hindurch stattfindet. Die Terminalriegel (TR), desmosomenartige Strukturen und damit vergesellschaftete „feste Verbindungen" dichten offensichtlich den Interzellularraum zum Lumen des Tubulus hin ab.

Wie zu erwarten, finden sich viele Mitochondrien (M) in den hochaktiven Zellen des proximalen Tubulus; ihre Anschnitte sind lateral vom Kern (N) in der Nähe des Golgi-Apparates (G) und in der basalen Zone der Zelle sichtbar. In der letzteren Region bilden tiefe Einfaltungen der Plasmamembran (schwarze Pfeile) enge Säulen von Zytoplasma, zwischen denen die Mitochondrien eingeschlossen liegen. Man vermutet, daß zytoplasmatische Fortsätze von benachbarten Tubuluszellen fingerförmig an der basalen Fläche ausgestülpt sind wie etwa bei den Podozyten des Glomerulumepithels (siehe Tafel 11). So werden in dünnen Schnitten allgemein die Anschnitte von isolierten Protoplasmafüßchen (weiße Pfeile) gesehen, die an die darunterliegende Basalmembran (BM) grenzen. Die hier beschriebene Struktur der basalen Zellregion wird allgemein auch in anderen Zellen beobachtet, die große Mengen von Wasser transportieren.

Nachdem die rückresorbierten Substanzen die Tubuluszellen, den Interzellularraum und die Basalmembran durchwandert haben, müssen sie den dünnen Endothelbelag der Kapillare durchdringen, um in das Gefäßsystem zurückzugelangen. Dieses Endothel ist durch die Anwesenheit von Poren (P) oder Fenstern gekennzeichnet, die jedoch nicht offen, sondern durch eine einschichtige Membran oder ein Diaphragma verschlossen sind. Die physiologische Bedeutung dieser Poren ist unbekannt.

[+] Aus der Niere der Laboratoriumsmaus
Vergrößerung 21 000fach

Literatur

FARQUHAR, M. G., and G. E. PALADE: Junctional complexes in various epithelia. J. Cell Biol. 17, 375 (1963).

MILLER, F.: Hemoglobin absorption by the cells of the proximal convoluted tubule in mouse kidney. J. biophys. biochem. Cytol. 8, 689 (1960).

PEASE, D. C.: Electron microscopy of the tubular cells of the kidney cortex. Anat. Rec. 121, 721 (1955).

RHODIN, J.: Anatomy of kidney tubules. In: Intern. Rev. Cytol. (G. H. BOURNE and J. F. DANIELLI, editors), vol. VII, p. 485. New York: Academic Press 1958.

STRAUS, W.: Cytochemical observations on the relationship between lysosomes and phagosomes in kidney and liver by combined staining for acid phosphatase and intravenously injected horseradish peroxidase. J. Cell Biol. 20, 497 (1964).

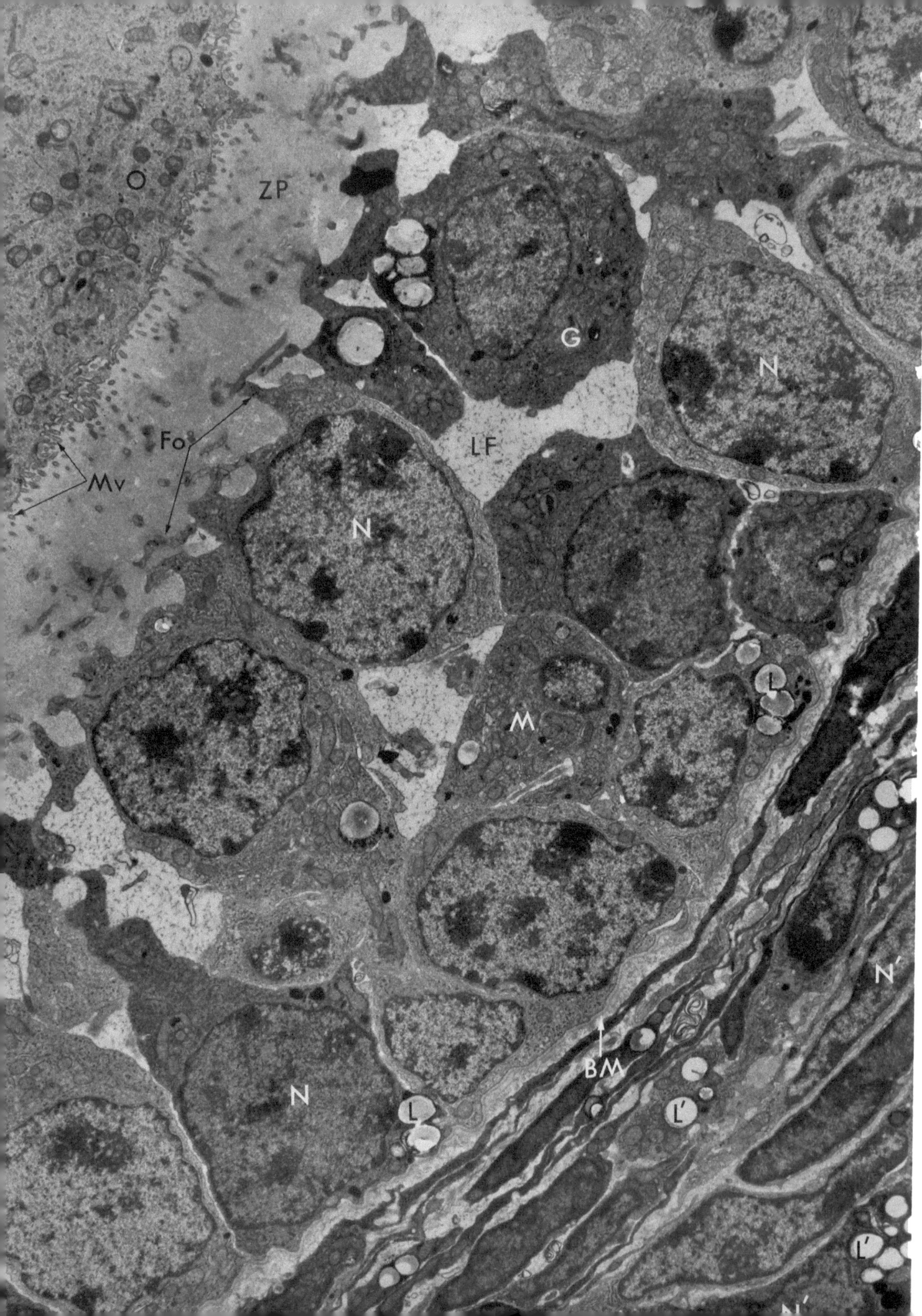

Tafel 13

Der Follikel des Ovars [+]

Die Follikelzellen des Ovars (N), die in der vorliegenden elektronenmikroskopischen Aufnahme in niedriger Vergrößerung gezeigt werden, umgrenzen einen zystenförmigen Hohlraum, in dem das Ei oder Ovum (O) heranreift. Der Follikel entsteht als Zellknospe aus der Rindenschicht des Ovars, dem Keimepithel. Eine der Zellen dieser Knospe wird zum Ei und bildet zusammen mit den anderen umhüllenden Zellen den Primärfollikel. Diese Follikel stehen unter hormonaler Kontrolle, doch reagieren während der Geschlechtsreife bei Säugern nur gewisse Primärfollikel auf das follikelstimulierende Hormon (FSH), das vom Hypophysenvorderlappen abgesondert wird. Dann machen Ei und Follikelepithel eine ausgedehnte Reifezeit durch. Das Stroma des Ovars ordnet sich als sphärische Epithelhülle um das Ei und bildet so die *Theka*. Follikel und Theka zusammen bringen nicht nur die reife Eizelle hervor, sie produzieren auch zwei Hormone, die für die Erhaltung des normalen Zyklus entscheidend sind.

In der linken oberen Ecke des Bildes ist ein Teil der Eizelle (O) sichtbar. Während der Entwicklung bildet sich ein ausgedehnter Zytoplasmaleib und bei plazentalosen Tieren große Mengen von Dotter. Während das Zytoplasma der männlichen Keimzelle ganz auf die Fortbewegung spezialisiert ist (siehe Tafel 14), wird das Zytoplasma der Eizelle zu einem Speicher für Stoffe, die für die frühesten Entwicklungsstadien nach der Befruchtung benötigt werden. Bei den Wirbeltieren ist bewiesen, daß die Dotterproteine in der Leber gebildet, über das Gefäßsystem zum Ei transportiert und dort ohne erkennbare Änderung in die Eizelle eingebaut werden. Dieser letzte Schritt wird wahrscheinlich durch eine Art Pinozytose vollzogen; das heißt, das Protein gelangt an die Oberfläche des Eies und tritt durch schmale grübchenförmige Strukturen oder Einstülpungen der Plasmamembran in die Eizelle ein. Die Grübchen schnüren sich ab und bilden so intrazytoplasmatische Bläschen, die Dotterprotein enthalten.

Obwohl das Follikelepithel die Eizelle umhüllt, hat man doch keinen Anhaltspunkt, daß es direkt zum Wachstum oder zur Ernährung der Geschlechtszelle beiträgt. Bei fortschreitender Entwicklung wird es durch eine Lage homogenen Materials, die *Zona pellucida* (ZP), von der Eizelle getrennt. Diese kohlenhydratreiche Substanz wird vermutlich von den Follikelepithelzellen gebildet. Sie wird von Mikrovilli (Mv) des Eies und Fortsätzen (Fo), die vom Epithel ausgehen, durchsetzt. An der Kontaktstelle der Ausläufer von Eizelle und Follikelepithelzellen sind desmosomenartige Strukturen beobachtet worden, jedoch bleibt die Plasmamembran jeder der Zellen unverändert. Außerdem sind die Follikelepithelzellen voneinander durch die Flüssigkeit des *Liquor folliculi* (LF) getrennt, die offensichtlich von ihnen gebildet wird.

Die Zytoarchitektur der Follikelepithelzellen legt wirklich die Vermutung nahe, daß sie aktiv an der Synthese beteiligt sind. Man findet reichlich Mitochondrien (M), Golgi-Regionen (G) und dichte Anhäufungen von RNP-Granula, die sowohl an den ER-Zisternen als auch frei vorkommen. Lipoidtropfen (L) sind ein konstant anzutreffendes Kennzeichen dieser Zellen und scheinen als Speicherdepots für Material zu dienen, welches für die Steroidsynthese benötigt wird (siehe unten).

Das Follikelepithel ruht auf einer Basalmembran (BM) und wird, wie bereits angedeutet, von der *Theka* umhüllt. Die Zellen der *Theca interna* (N') das heißt, die dem Follikel am nächsten liegenden ähneln in einigen Zügen den Fibrozyten. Es sind abgeflachte Zellen, die eine membranöse Schicht bilden und durch fibröse Interzellularsubstanz voneinander getrennt werden. Doch besitzen sie zwei Unterscheidungsmerkmale: Sie enthalten Lipoidtropfen (L'), und ihre Mitochondrien gleichen denen in steroidsezernierenden Zellen, wie etwa denen im Zwischengewebe des Hodens (siehe Tafel 15) und in der Nebennierenrinde. Histochemische Reaktionen haben tatsächlich ergeben, daß die *Thekazellen* sehr wahrscheinlich Steroide enthalten und daß sie der Bildungsort des oestrogenen Hormons sind, welches sicher im Ovar produziert wird. Obwohl die Follikelepithelzellen möglicherweise auch Oestrogen produzieren, ist der Beweis dafür noch nicht sicher erbracht. Die *Theka* und möglicherweise auch der heranwachsende Follikel sind somit als endokrine Organe tätig. Während der frühen Stadien des Ovulationszyklus sezernieren die Thekazellen Oestrogen. Sobald dieses Hormon für eine ausreichende Durchblutung gesorgt hat, bildet der Hypophysenvorderlappen luteinisierendes Hormon (LH). Dieses wiederum sorgt für die Ovulation und die weitere Reifung des Follikels. Die Eizelle und die unmittelbar sie umhüllenden Follikelzellen (die *Corona radiata*) werden aus dem Ovar ausgestoßen, nachdem sich die

Follikelepithelzellen von ihren Nachbarzellen gelöst haben. Die verbleibenden Follikelzellen und die *Theca interna* unterliegen einer weiteren Entwicklung, und beide tragen zur Bildung des *Corpus luteum* bei. Letzteres wirkt für eine begrenzte Zeit als endokrine Drüse und sezerniert Progesteron, ein Steroidhormon, das für die Vorbereitung des Uterus auf die Implantation des befruchteten Eies von Bedeutung ist.

+ Aus dem Ovar der Laboratoriumsmaus
Vergrößerung 8000fach

Literatur

ANDERSON, E., and H. W. BEAMS: Cytological observations on the fine structure of the guinea pig ovary with special reference to the oogonium, primary oocyte and associated follicle cells. J. Ultrastruct. Res. 3, 432 (1960).

BARKER, W. L.: A cytochemical study of lipids in sows' ovaries during the estrous cycle. Endocrinology 48, 772 (1951).

DEANE, H. W.: Histochemical observations on the ovary and oviduct of the albino rat during the estrous cycle. Amer. J. Anat. 91, 363 (1952).

KNIGHT, P. F., and A. M. SCHECHTMAN: The passage of heterologous serum proteins from the circulation into the ovum of the fowl. J. exp. Zool. 127, 271 (1954).

ROTH, T. F., and K. R. PORTER: Yolk protein uptake in the oocyte of the mosquito *Aedes Aegypti* L. J. Cell Biol. 20, 313 (1964).

SOTELO, J. R., and K. R. PORTER: An electron microscope study of the rat ovum. J. biophys. biochem. Cytol. 5, 327 (1959).

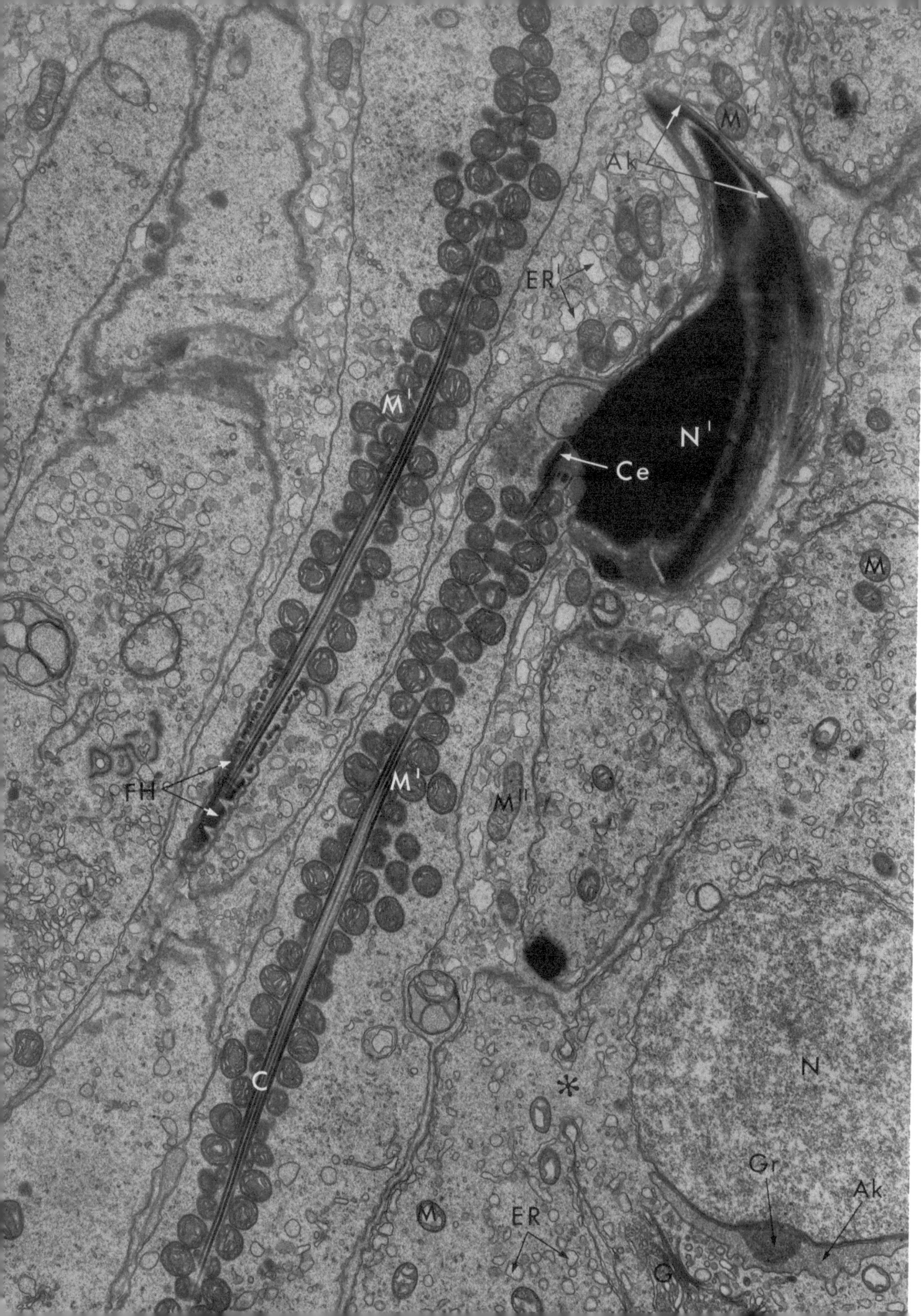

Tafel 14

Das Keimepithel des Hodens [+]

Die männlichen Keimzellen werden im Hoden vom Epithel der Samenkanälchen gebildet. Undifferenzierte Spermatogonien, welche die basale Zellschicht dieses Epithels bilden, durchlaufen wiederholte mitotische Teilungen. Nach einer Wachstumsperiode verlängert sich jeder der entstandenen Spermatozyten, teilt sich mitotisch und bildet so vier Spermatiden. Diese wiederum durchlaufen eine komplexe Metamorphose, während der sie durch einen als Spermiogenese bezeichneten Vorgang in reife Spermien umgewandelt werden. Es ist natürlich unmöglich, diesen komplizierten Entwicklungsweg in einem Bild wiederzugeben. Doch kann die vorliegende Abbildung zwei Stadien der Spermatidenentwicklung zeigen, und da Extreme abgebildet werden, kann man zeigen, wie eingreifend diese Umwandlung ist. Unten rechts sieht man den Anschnitt eines rundlichen Kerns (N), der zu einem ziemlich frühen Spermatidenstadium gehört. An einem Pol wird er von einem abgeplatteten Bläschen, dem sich entwickelnden Akrosom (Ak) bedeckt, das wiederum ein dichtes Granulum (Gr), das Akrosomenkörnchen, enthält. Die Kopfkappe und das darin gebildete Körnchen entstehen aus dem Golgi-Apparat (G) und bilden zusammen die vordere Spitze des reifen Spermium. Bei den frühen Stadien der Spermiogenese findet sich reichlich Zytoplasma, das unregelmäßig begrenzt ist und in dem Mitochondrien (M) und Bläschen des endoplasmatischen Retikulum (ER) gesehen werden können. In diesem Entwicklungsstadium sind die vier Spermatiden durch protoplasmatische Brücken miteinander verbunden, von denen eine in der vorliegenden Aufnahme sichtbar ist (*).

Das Aussehen eines nahezu ausgereiften Spermium ist in der Mitte der Aufnahme dargestellt. Der Kopfteil, der bei der Maus hakenförmig ist, enthält in seinem Kern (N') das Erbmaterial in dichter, kompakter Form. Die vordere Spitze des Kerns wird von der Akrosomenkappe (Ak') überlagert, welche direkt unterhalb der Plasmamembran liegt. Von der Kopfkappe nimmt man an, daß sie das Enzym Hyaluronidase enthält, welches bei der Penetration des Spermium in die Eizelle während der Befruchtung wirksam sein soll.

Nicht weniger bemerkenswert an diesem Differenzierungsvorgang sind die Veränderungen im Zytoplasma der Spermatiden, welches sich in einen langgestreckten Anhang umwandelt, mit dem das Spermium sich fortbewegen kann. Zwei Zentriolen (Ce) spielen bei der Bildung der Halsregion eine Rolle, und von einem davon geht die Entwicklung des langen Bündels der Zentralfibrillen aus, die den inneren Kern des Mittelstücks und Schwanzes bilden. In ihrem inneren Aufbau ist die Geißel den Zilien sehr ähnlich (siehe Tafel 7). Im Mittelstück ist das Innere der Geißel spiralig umhüllt von einem Mantel aus Mitochondrien. An Schrägschnitten wird bewiesen, daß es sich bei dieser Struktur um Mitochondrien (M') handelt.

Im Anschluß an das Mittelstück, also im eigentlichen Schwanzteil, windet sich um den Achsenfaden eine fibröse Hülle, von der ein Teil in der Aufnahme gesehen werden kann (FH). Nur an ihrem distalen Ende fehlt der Geißel eine besondere Umhüllung. Obwohl während der Entwicklung das Mittelstück von einer Zytoplasmascheide eingehüllt wird, geht diese doch später verloren, so daß im ausgereiften Zustand die Plasmamembran eng den axialen Strukturen anliegt.

In den Endstadien der Spermiogenese werden die Spermatiden in die Sertoli-Zellen eingepflanzt. So sind viele Keimzellen, von denen jede mit der vorderen Spitze zur Peripherie des Samenkanälchens orientiert ist, im Epithel verankert, während ihr Schwanzteil frei ins Lumen ragt. Um den elektronendichten Kopfteil des Spermium und um die hier gezeigten Mittelstücke herum sind Teile von Sertoli-Zellen sichtbar, die Mitochondrien (M'') und aufgeweitete Vesikel des endoplasmatischen Retikulum (ER') enthalten. Es wurde keine protoplasmatische Kontinuität zwischen Sertoli-Zellen und Keimzellen beobachtet: Jeder Zelltyp ist von einer geschlossenen Plasmamembran umhüllt. Die Sertoli-Zellen werden oft als Ernährungszellen bezeichnet; obwohl sie als Stützzellen für die sich entwickelnden Spermien dienen, ist noch nicht sicher bekannt, welche weiteren Funktionen sie ausüben.

[+] Aus dem Hoden der Laboratoriumsmaus
Vergrößerung 13 500fach

Literatur

Bowen, R. H.: On the acrosome of the animal sperm. Anat. Rec. **28**, 1 (1924).

Burgos, M. H., and D. W. Fawcett: Studies on the fine structure of the mammalian testis. I. Differentiation of the spermatids in the cat (*Felis domestica*). J. biophys. biochem. Cytol. **1**, 287 (1955).

Fawcett, D. W.: Sperm tail structure in relation to the mechanism of movement. In: Spermatozoan Motility (D. W. Bishop, editor), Washington, D. C., A.A.A.S. Publ. No 72, p. 147 (1962).

Yasuzumi, G., H. Tanaka, and O. Tezuka: Spermatogenesis in animals as revealed by electron microscopy. VIII. Relation between the nutritive cells and the developing spermatids in a pond snail, *Cipangopaludina malleata* Reeve. J. biophys. biochem. Cytol. **7**, 499 (1960).

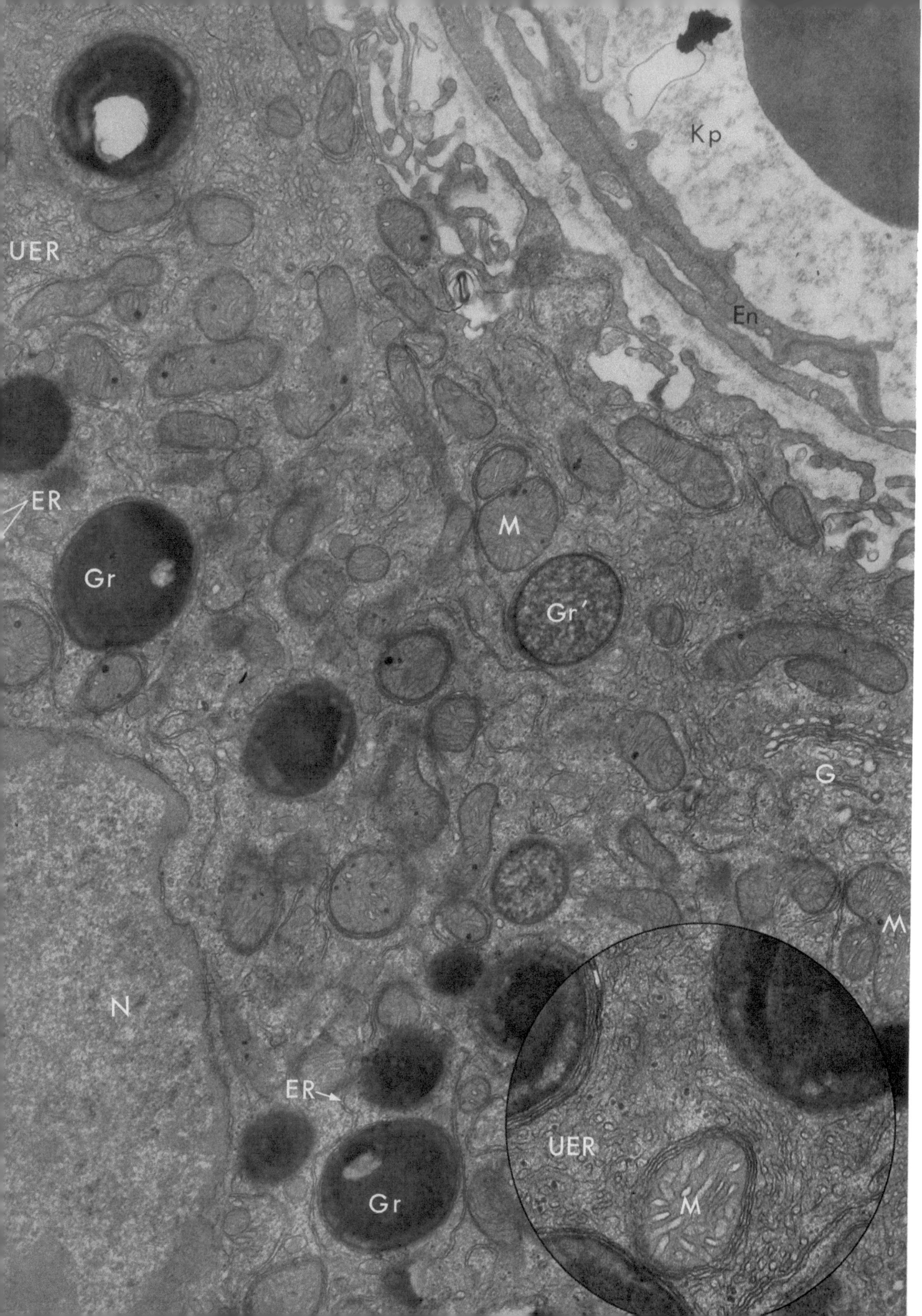

Tafel 15

Zwischenzellen des Hodens [+]

Seit langem ist bekannt, daß die Hoden die Entwicklung der sekundären Geschlechtsmerkmale des Mannes bestimmen, und wir wissen heute, daß dieser Einfluß auf die Produktion des Steroidhormons Testosteron zurückzuführen ist. Das verfügbare Beweismaterial deutet darauf hin, daß dieses Hormon von den sogenannten Zwischenzellen sezerniert wird, die überall im Bindegewebe zwischen den Samenkanälchen verteilt liegen (siehe Tafel 14) und die vorzugsweise ihr Sekret in benachbarte Kapillaren abgeben. Diese Funktion der Zwischenzellen hat man aus der Beobachtung abgeleitet, daß bei Menschen, die keine Spermien bilden, sowohl die Zwischenzellen als auch die sekundären Geschlechtsmerkmale normal bleiben.

Ein Teil einer Zwischenzelle wird in der vorliegenden Aufnahme gezeigt. Unten links sieht man den Kern (N), umgeben von Zytoplasma, welches Mitochondrien (M), den Golgi-Apparat (G) und ein ausgeprägt entwickeltes endoplasmatisches Retikulum enthält. Die Mitochondrien zeigen, ähnlich wie die in den Zellen der Nebennierenrinde (eine andere Steroid produzierende Drüse), einen besonderen Aufbau aus einer elektronendichten Matrix und Cristae von unterschiedlicher Dicke. Die Querschnitte des ER im perinukleären Zytoplasma (ER) sind lang, schmal und mit Ribosomen besetzt, während das ER in den peripheren Zonen des Zytoplasmas granulafrei ist (UER) und ein komplexes Netzwerk von Röhrchen zu bilden scheint (siehe Einsatzbild UER). Die zuletzt beschriebene Form des ER wird allgemein in Steroid-sezernierenden Zellen gefunden. Große rundliche Granula (Gr), die sich stark mit Osmium und Blei anfärben, sind ebenfalls auffallende Bestandteile des Zytoplasmas. Ihre genaue Beschaffenheit ist nicht bekannt. Ein anderer Typ von großen Granula (Gr') kann mit Ausnahme des abgebildeten morphologischen Aufbaus ebenfalls nicht genauer charakterisiert werden. Einige dieser Körperchen mögen Speicherdepots für Testosteron oder für Lipoidstoffe für die Testosteronsynthese darstellen.

Obwohl die Bedeutung dieser verschiedenen Strukturen für die Testosteronsynthese noch nicht endgültig geklärt worden ist, gibt es doch eine Menge biochemisches Beweismaterial, welches dem ungranulierten Membransystem eine Rolle in der Synthese und Absonderung des Hormons zuschreibt. Wenn man Homogenate von Hodengewebe zentrifugiert, so findet man, daß die vorwiegend aus ungranulierten Membranen zusammengesetzte Fraktion am besten in der Lage ist, verschiedene Schritte der Hormonsynthese zu vollziehen. Es scheint naheliegend, daß die für diese Schritte notwendigen Enzyme an oder in der Nähe der Membranen des UER gelagert sind. Es ist interessant, festzustellen, daß gewisse Bestandteile dieses Systems eng den Oberflächen der Granula anliegen. Diese enge Nachbarschaft läßt die Vermutung aufkommen, daß die Granula in enger funktioneller Beziehung zu den ungranulierten Membranen stehen.

Die zytologischen Zusammenhänge der Hormonsekretion sind ebenfalls bei weitem nicht klar. Während Tropfen als Speicherform vorhanden sind, ist weder ihre Ausschleusung aus der Zelle bisher gesehen worden, noch hat man ihre Bildung im Detail beobachtet. Die großen Tropfen enthalten sicher Lipoid und einige von ihnen Steroid, aber es ist nicht bekannt, ob dieses Steroid das Hormon darstellt. Wenn das Hormon in elektronenmikroskopischen Aufnahmen sicher identifiziert werden könnte, dann würde man auch die Wanderung durch die unregelmäßige Oberfläche der Zwischenzelle beobachten. Einmal in den Interzellularraum gelangt, muß das Testosteron die Basalmembran und das dünne Endothel der benachbarten Kapillaren (Kp) durchdringen, um zu den Erfolgsorganen in anderen Teilen des Körpers transportiert zu werden.

[+] Aus dem Hoden der Maus
Vergrößerung 29000fach
Einsatzbild 55000fach

Literatur

BUCHER, N. L. R., and K. MCGANAHAN: The biosynthesis of cholesterol from acetate-1-C^{14} by cellular fractions of rat liver. J. biol. Chem. **222**, 1 (1956).

CHRISTENSEN, A. K., and D. W. FAWCETT: The normal fine structure of opossum testicular interstitial cells. J. biophys. biochem. Cytol. **9**, 653 (1961).

LYNN jr., W. S., and R. H. BROWN: The conversion of progesterone to androgens by testes. J. biol. Chem. **232**, 1015 (1958).

MONTAGNA, W., and J. B. HAMILTON: Histological studies of human testes. I. The distribution of lipids. Anat. Rec. **109**, 635 (1951).

WILLIAMS, R. G.: Studies of living interstitial cells and pieces of seminiferous tubules in autogenous grafts of testes. Amer. J. Anat. **86**, 343 (1950).

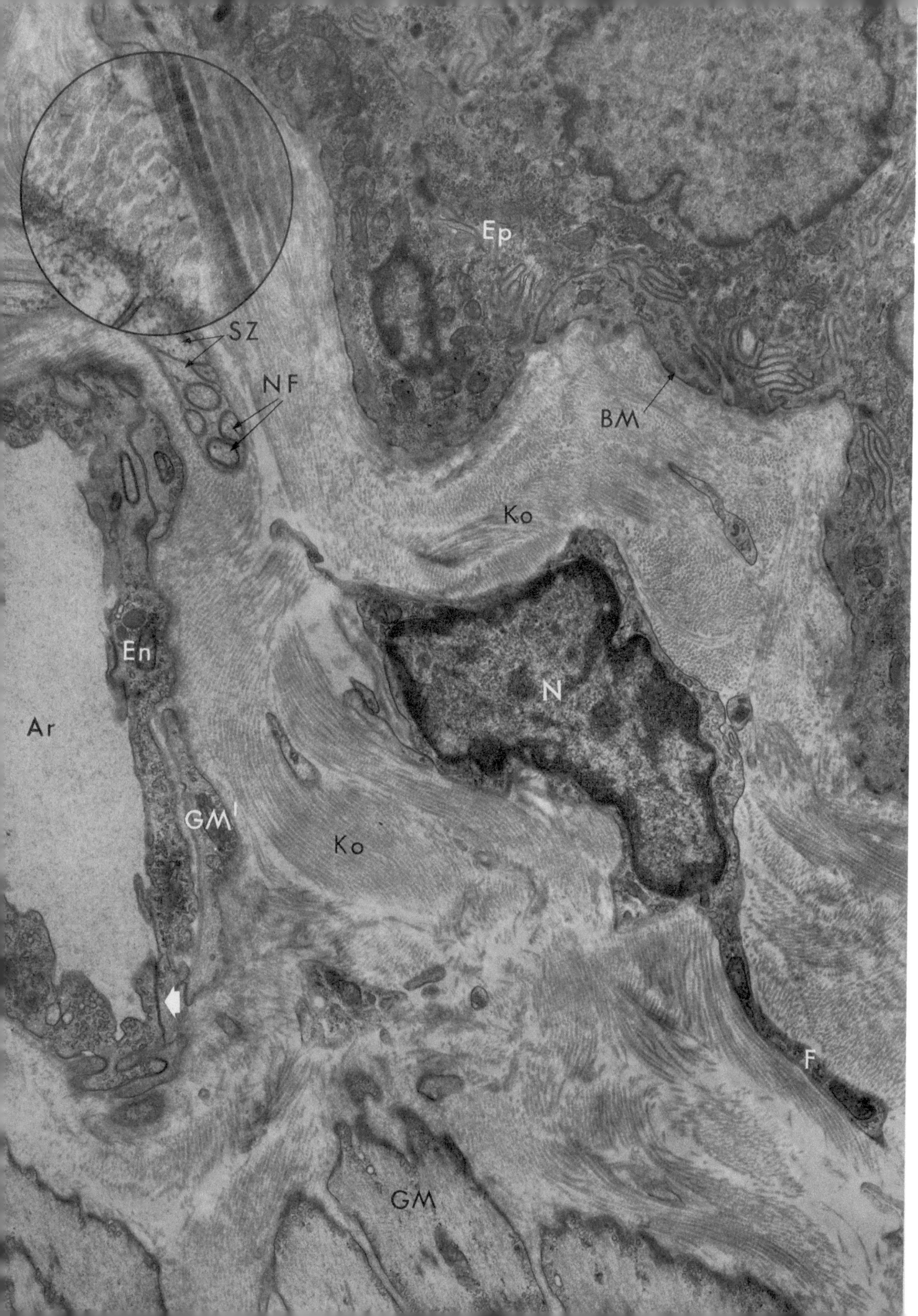

Tafel 16

Das Bindegewebe der Lamina propria [+]

Die Lamina propria liegt als Bindegewebslage unter vielen einfachen Epithelien. In der vorliegenden Aufnahme ist sie durch eine dünne amorphe Basalmembran (BM) von den Epithelzellen (Ep) des Oesophagus getrennt. Sie ist hauptsächlich aus Bindegewebe zusammengesetzt, welches das Epithel und die glatte Muskulatur (GM) der Muscularis mucosae untereinander verbindet und außerdem Blutgefäße und Nervenfasern enthält. Eine kleine präkapilläre Arteriole (Ar) ist links dargestellt. Ihr Lumen ist von Endothelzellen (En) ausgekleidet, die keine Poren oder Fenster enthalten und die eng miteinander zusammenhängen (Pfeile). Das bläschenförmige Zytoplasma gleicht dem in anderen Endothelzellen beobachteten (siehe Tafel 8). Im Unterschied zu sonstigen Kapillaren jedoch steht das Gefäß in Verbindung mit einigen isolierten glatten Muskelzellen (GM'). Die gewellte Oberfläche des Endothels, die sonst auf histologischen Schnitten typisch ist für arterielle Gefäße, ist ein Ergebnis der Kontraktion dieser Muskelschicht. Man erkennt auch deutlich in der Nähe des Gefäßes Querschnitte von einigen Nervenfasern (NF), die von Zytoplasma der Schwannschen Zellen (SZ) umhüllt werden, doch wird die weitere Besprechung dieser Zellen bis zur Legende zu Tafel 29 zurückgestellt.

Die ausgedehnte extrazelluläre Matrix des Bindegewebes, sowohl Fasern als auch Grundsubstanz, wird von den Fibroblasten gebildet. Sobald sie diese Matrix abgegeben haben, werden die Fibroblasten, die jetzt besser Fibrozyten genannt werden sollten, zu ruhenden Zellen, und man kann keinerlei Synthese- oder Sekretionsvorgänge an ihnen wahrnehmen. Der Kern (N) des Fibrozyten (F) wird von einer dünnen Schicht von Zytoplasmas umgeben, das sich als zarte, abgeflachte Fortsätze in die Grundsubstanz hinein erstreckt. Um den Fibrozyten herum und sogar in einiger Entfernung von ihm findet man Bündel von Kollagenfibrillen (Ko). Diese Fibrillen können an Hand ihrer charakteristischen Querstreifung als Kollagen identifiziert werden (siehe Einsatzbild), die man neben anderen Eigenschaften des Kollagens eingehend untersucht hat. Es muß betont werden, daß die einzelnen Kollagenfibrillen nicht wahllos in der Matrix verteilt vorkommen, sondern zu Bündeln zusammengefaßt sind, die verzweigt in der Grundsubstanz liegen. Benachbarte Bündel, besonders in verschiedenen Schichten liegende, sind oft im rechten Winkel zueinander orientiert. Die Art, in der Vorstufen der Kollagenfibrillen in den Bindegewebsschichten entstehen, sowie der Weg, auf dem die Fibrillen selbst von den Fibroblasten gebildet werden, sind immer noch Gegenstand für Spekulationen. Es gibt Beweise dafür, daß einige, wenn auch nicht alle Einzelfibrillen anfänglich an oder in der Nähe der Oberfläche der Zelle gebildet werden und später an Umfang zunehmen, indem sich monomeres Kollagen an ihnen polymerisiert. Das Fibroblastengewebe scheint in gewisser Weise die Richtung, in der sich die Fibrillen orientieren, zu beeinflussen und bestimmt möglicherweise die Bildung von Fibrillenbündeln. Eine zweite Hypothese schlägt vor, daß sich unter günstigen Umgebungsbedingungen die Fibrillen aus dem von den Fibroblasten sezernierten amorphen Material polymerisieren. In diesem Fall würde der Fibroblast vermutlich eine weniger wichtige Rolle bei der Bildung und Anordnung von Fibrillen spielen.

[+] Aus dem Oesophagus der Fledermaus
Vergrößerung 15000fach
Einsatzbild 77000fach

Literatur

Hodge, A. J., and F. O. Schmitt: The tropocollagen macromolecule and its properties of ordered interaction. In: Macromolecular Complexes (M. V. Edds jr., editor), p. 19. New York: The Ronald Press Co. 1961.

Porter, K. R.: Cell fine structure and biosynthesis of intercellular macromolecules. Biophys. J. **4**, Suppl., 167 (1964).

Porter, K. R., and G. D. Pappas: Collagen formation by fibroblasts of the chick embryo dermis. J. biophys. biochem. Cytol. **5**, 153 (1959).

Ross, R., and E. P. Benditt: Wound healing and collagen formation. III. A quantitative radiographic study of the utilization of proline-H^3 in wounds from normal and scorbutic guinea pigs. J. Cell Biol. **15**, 99 (1962).

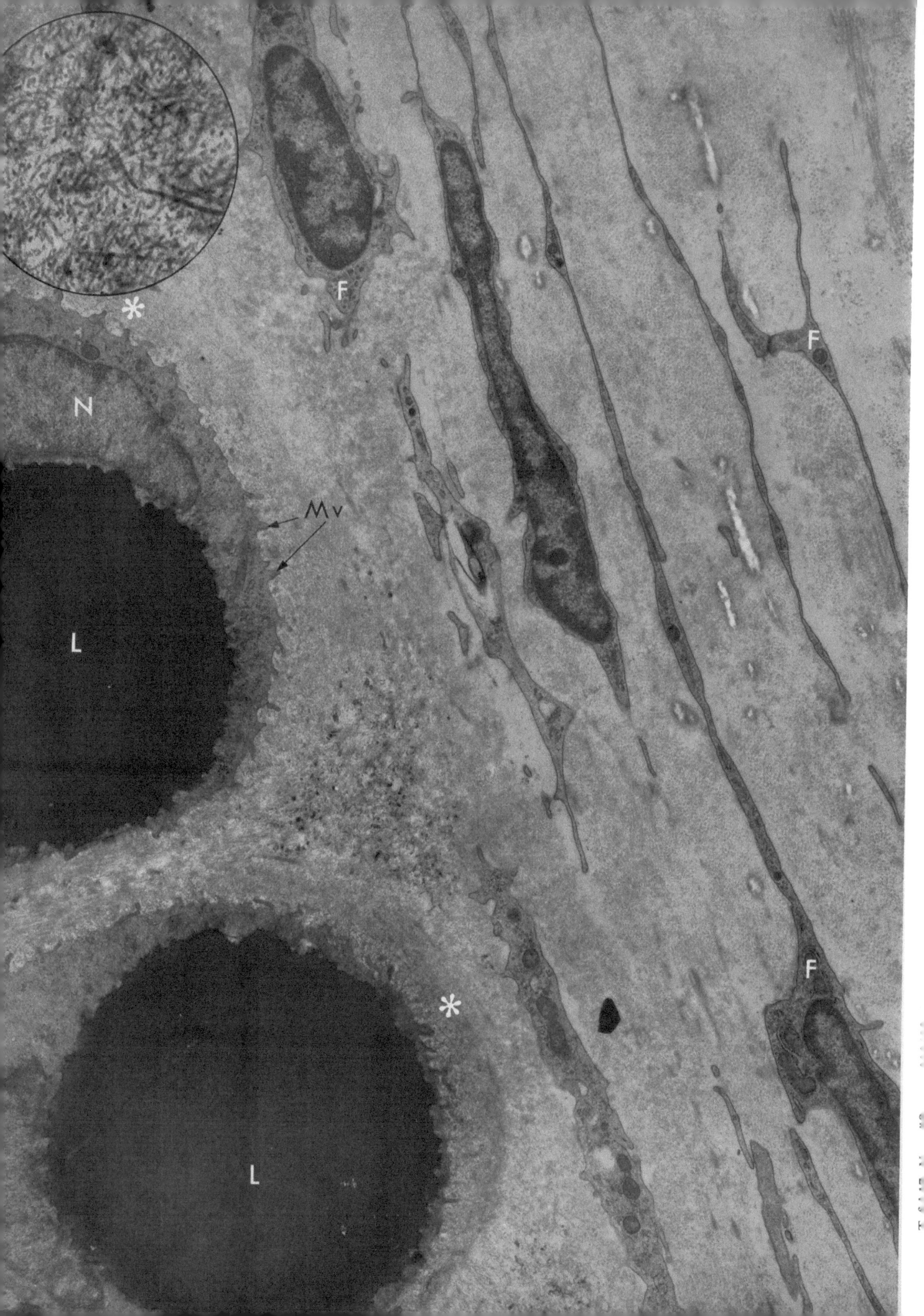

Tafel 17

Knorpel und Perichondrium [+]

Im Knorpel und Perichondrium sind die Zellen wie allgemein im Bindegewebe in eine Matrix eingebettet, die aus Fasern und Grundsubstanz besteht und die Hauptmasse des reifen Gewebes bildet. Seit man in elektronenmikroskopischen Aufnahmen die Zellgrenzen deutlich sehen kann, sind diese das Bindegewebe betreffenden Erkenntnisse zu einer Selbstverständlichkeit geworden.

Links im Bild sind zwei rundliche Knorpelzellen oder Chondrozyten sichtbar. An ihren Oberflächen finden sich zottenförmige Ausstülpungen (Mv), die in engem Kontakt mit der umgebenden Matrix stehen. Deshalb füllen die Zellen auch die Lakunen oder Hohlräume, in denen sie liegen, völlig aus. Es ist nicht ungewöhnlich, daß man wie im vorliegenden Bild große Lipoidtropfen (L) im Zytoplasma der reifen Knorpelzelle findet. Die große Ausdehnung dieser Ablagerungen hat offensichtlich den Kern (N) gezwungen, eine periphere Lage und ein halbmondförmiges Aussehen anzunehmen.

Untersuchungen über die Entwicklung des Knorpels — hauptsächlich mit Hilfe der Elektronenmikroskopie und Autoradiographie — haben ergeben, daß die Chondroblasten die Fibrillen und die Grundsubstanz, in der sie eingebettet sind, synthetisieren. Auf lichtmikroskopischen Bildern von hyalinem Knorpel ist die fibrilläre Komponente (Kollagen) gewöhnlich nicht sichtbar, während sie auf elektronenmikroskopischen Aufnahmen reichlich vorhanden ist (siehe Einsatzbild). Darüber hinaus scheinen diese feinen Fibrillen um den Chondrozyten herum in Art einer Kapsel angeordnet zu sein (*), die ohne scharfe Grenzen in das Netzwerk der randständigen Fibrillen übergeht.

Das Aussehen der langgestreckten, abgeplatteten Fibrozyten (F) des Perichondriums läßt keinen Zweifel darüber, daß sie durch einen Entwicklungsvorgang entstehen, der sich von dem der Chondrozyten deutlich unterscheidet. Die dünnen Zellen sind zu membranösen Hüllen zusammengefaßt, die durch ansehnliche Lagen von Kollagenfibrillen voneinander getrennt werden. Letztere sind zum Unterschied von denen der Knorpelmatrix in parallel zueinander verlaufenden Bündeln angeordnet, so daß sie in der vorliegenden Aufnahme meist im Querschnitt getroffen sind. Bei der Bildung dieses Gewebes wurden die Kollagenfibrillen und die Grundsubstanz, in der sie liegen, von jungen Fibrozyten oder Fibroblasten synthetisiert.

Ungeachtet der Tatsache, daß hier zwei verschiedene Arten von Bindegewebe nebeneinanderliegen, ist doch keinerlei Spaltraum oder Grenzschicht zwischen ihnen zu finden.

[+] Aus dem Trachealknorpel der Fledermaus
Vergrößerung 11 000fach
Einsatzbild 50 000fach

Literatur

DZIEWIATKOWSKI, D. D.: Autoradiographic studies with S^{35}-sulfate. In: Intern. Rev. Cytol. (G. H. BOURNE and J. F. DANIELLI, editors), vol. VII, p. 159. New York: Academic Press 1958.

GODMAN, G. C., and K. R. PORTER: Chondrogenesis studied with the electron microscope. J. biophys. biochem. Cytol. **8**, 719 (1960).

HAY, E. D.: The fine structure of blastema cells and differentiating cartilage cells in regenerating limbs of *Amblystoma* larvae. J. biophys. biochem. Cytol. **4**, 583 (1958).

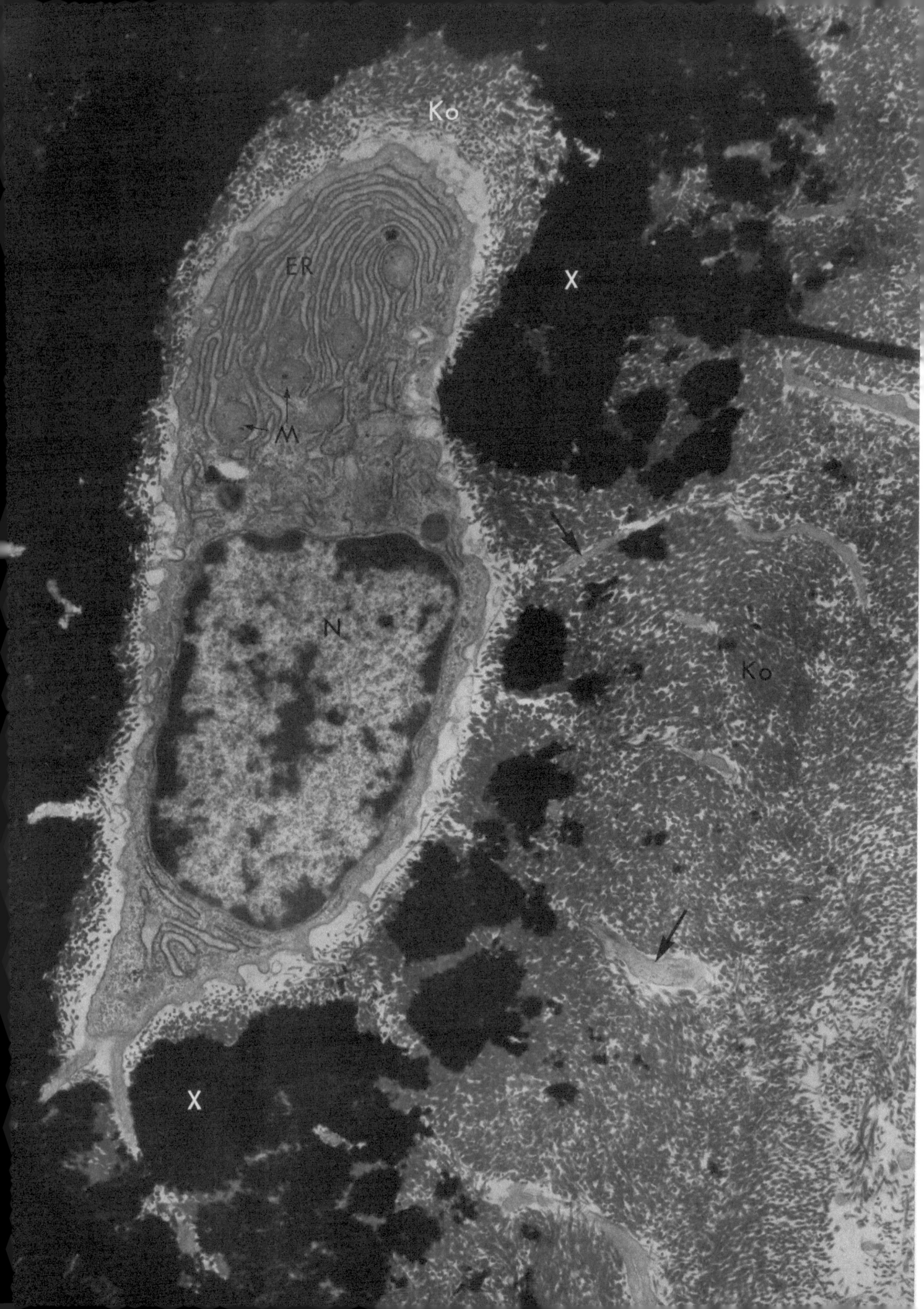

Tafel 18

Osteozyten und Knochen [+]

Der Osteoblast erzeugt die massive mineralisierte interzelluläre Matrix des Knochens. Junge Zellen an der Oberfläche des sich entwickelnden Knochens sind häufig kubisch, aber sobald sie zu Osteozyten heranreifen, werden sie, wie hier im Bild, gezeigt sternförmig. Die feinen Ausläufer (Pfeile) des Zellkörpers bleiben während der gesamten Lebensperiode des Gewebes in dauerndem Kontakt mit den Nachbarzellen. Diese mit lebendem Zytoplasma gefüllten Kanäle bilden Zufuhrwege, über welche die Zellen Stoffwechselprodukte erhalten. Es soll hier wieder ins Gedächtnis zurückgerufen werden, daß im Knorpel die Zellen isoliert liegen und daß die Stoffwechselprodukte durch Diffusion durch die Matrix hindurch zu und von den Zellen transportiert werden (siehe Tafel 17). Weiterhin ist zum Unterschied zum Knorpel der Knochen ein vaskularisiertes Gewebe, und die Zellen liegen nie allzu weit von Kapillaren entfernt.

Die interzelluläre Matrix des Knochens besteht aus einem dichten Netzwerk von Kollagenfibrillen (Ko), die in eine amorphe Grundsubstanz eingebettet sind, die sich wiederum als Mukopolysaccharid chemisch von der des Knorpels unterscheidet. Im Knochen enthält die Grundsubstanz im Unterschied zum Knorpel vergleichsweise weniger Matrix, während die Kollagenfibrillen reichlicher vorhanden sind. Die organische Matrix wird Osteoid genannt und erreicht dadurch, daß sie mineralisiert wird, eine große Härte. Sobald Hydroxylapatit-Kristalle innerhalb der Matrix gebildet und dicht zusammengepackt werden, spricht man von Knochengewebe. Wenn die Knochenzelle einmal in dem extrazellulären mineralisierten Material eingeschlossen ist, wird sie als reifer Osteozyt betrachtet und kann weiterhin nicht zum Wachstum des Knochens beitragen. Neues Gewebe kann lediglich an der Oberfläche angebaut werden, wo noch keine Salze abgelagert sind.

Die Knochenzelle im vorliegenden Bild ist nur teilweise von mineralisiertem Material eingeschlossen (X) und in ihrer zytologischen Struktur finden sich immer noch Anzeichen für eine physiologische Aktivität. Zum Beispiel werden in einem Teil des Zytoplasmas an einer Seite des Kerns (N) ausgedehnte Zisternen des endoplasmatischen Retikulum (ER) beobachtet. Ribonukleoprotein-Partikel bedecken die äußeren Oberflächen der Membranen, die in ihrem Innern ein amorphes Material von mittlerer Dichte einschließen. Die Mitochondrien (M) sind groß und auffallend. Am Aussehen des Osteoblasten kann man erkennen, daß diese Zelle noch immer Proteine für die interzelluläre Matrix produziert.

Die synthetische Aktivität der Osteoblasten wurde auch direkt dadurch studiert, daß man sie in Gewebekulturen gezüchtet hat, bevor sie allzuviel interzelluläres Material gebildet hatten. Auf diese Weise vom Organismus losgelöst, werden sie bald durch organische Matrix räumlich voneinander getrennt. Während dieses Zeitabschnittes werden intrazelluläre, Polysaccharid enthaltende Granula beobachtet, die vermutlich Vorläufer der Grundsubstanz darstellen. Einen weiteren Anhaltspunkt für die direkte Rolle der Osteoblasten bei der Bildung der Knochenmatrix brachten Untersuchungen, bei denen der Einbau von Stoffwechselprodukten beobachtet wurde. Diese waren mit radioaktivem Schwefel, Kohlenstoff oder mit Tritium markiert und wurden mittels der Autoradiographie verfolgt. Die Experimente wurden nur mit Hilfe des Lichtmikroskops durchgeführt, so daß die genau intrazelluläre Lage der radioaktiven Substanzen nicht angegeben werden kann. Dennoch ist man sich allgemein darüber einig, daß die Radioaktivität zuerst in der Zelle konzentriert ist und erst später in die Matrix gelangt.

Die einmal gebildete organische Knochenmatrix wird normalerweise mineralisiert, und dieses Phänomen ist ausgiebig untersucht worden. Zuerst finden sich kleine Kristalle an und innerhalb der Kollagenfibrillen, und ihre Verteilung steht in regelmäßiger Beziehung zu der Querstreifung der Fibrillen. Diese Beobachtung läßt vermuten, daß die makromolekulare Struktur des Kollagens die anfängliche Ablagerung von Hydroxylapatit-Kristallen bestimmt. Der diese Hypothese sichernde Beweis ergab sich bei *in vitro*-Experimenten mit isoliertem Kollagen. Zum Beispiel ist es möglich, aus Extrakten von kollagenösem Gewebe, mineralisiertem und nichtmineralisiertem, die Kollagenfibrillen neu aufzubauen und dabei Fibrillen zu erhalten, die eine dem „nativen" (d. h. dem *in vivo* gefundenen) Kollagen ähnliche Querstreifung zeigen oder deren Querstreifung unter anderen Versuchsbedingungen anders ist als die in der Natur gefundene. Wenn dieses rekonstruierte Kollagen metastabilen Salzlösungen von Kalzium oder Phosphor ausgesetzt wird, werden lediglich solche Fasern mit „nativer" Querstreifung, gleichgültig aus welchem Gewebe sie kommen, mineralisiert. Von gewissen Partien der Kollagenfibrillen sagt man deshalb, daß sie die

Kristalle auf Grund ihrer molekularen Konfiguration „aussieben". Neuere Arbeiten haben ergeben, daß diese Ablagerung an der Stelle eines bestimmten Enzyms statthat, welches spezifisch im Hinblick auf die Bandfolge entlang der Fibrille lokalisiert ist. Dieser Mechanismus würde erfordern, daß die extrazelluläre Flüssigkeit mit den entsprechenden Salzen übersättigt ist, und es gibt Beweismaterial, daß dies bei vielen Vertebraten der Fall ist.

Während man immer annimmt, daß Härte stets mit Dauerhaftigkeit verbunden ist, ist beim Knochen diese Annahme nicht zutreffend. Die Knochensubstanz wird andauernd umgestaltet: Ihre Bildung durch die Osteoblasten hält während des ganzen Lebens an und wird durch die resorptive Tätigkeit der Osteoklasten ausgeglichen. Letztere sind eine Art Phagozyten. Sie liegen nahe der freien Oberfläche des mineralisierten Materials und können in gewisser Hinsicht seine Struktur abbauen und Gewebsfragmente einschließlich Kristallen in Vakuolen phagozytieren. Die harmonische Beziehung zwischen Synthese und Abbau wird durch viele Faktoren im Organismus beeinflußt. An erster Stelle unter ihnen ist das Hormon der Nebenschilddrüse zu nennen, das neben anderen Einflüssen besonders die Aktivität der Osteoklasten anregt. Wenn der Hormonspiegel abnorm hoch ist, wird der Knochen resorbiert, und der Blutkalzium-Spiegel steigt an. Dieses Hormon, welches in seiner Wirkung dem Vitamin D ähnelt, kann direkt einwirken und tut dies in gleicher Weise auch bei isoliertem Knochengewebe in Gewebskulturen. Neuere Untersuchungen an isolierten Mitochondrien haben ergeben, daß die Wirkungsweise des Hormons möglicherweise auf seine Fähigkeit zurückzuführen ist, in spezifischer Weise die Permeabilität der Mitochondrienmembranen der Gewebskultur im Hinblick auf Kalzium und Phosphor zu beeinflussen und so den Ionentransport zu kontrollieren. Die Bedeutung dieser Wirkung bei Krankheiten durch abnorme Nebenschilddrüsenfunktion konnte noch nicht genau geklärt werden.

Auch andere Substanzen — wie Wachstumshormon, Oestrogene und Schilddrüsenhormone — beeinflussen tiefgehend die Knochenstruktur, aber über ihren Wirkungsmechanismus ist wenig bekannt. Vitamin C-Mangel verhindert offensichtlich die Bildung von geeigneter organischer Matrix, aber ob es direkt auf die Osteoblasten einwirkt oder nicht, ist noch nicht nachgewiesen worden. Die Möglichkeit, die Wirkung von Vitaminen und Hormonen qualitativ und quantitativ an Hand der gebildeten extrazellulären Matrix zu messen, regt zu weiteren Untersuchungen über den Knochen an.

+ Aus der Fibula der Maus
Vergrößerung 15 500fach

Literatur

CARNEIRO, J., and C. P. LEBLOND: Role of osteoblasts and odontoblasts in secreting the collagen of bone and dentin, as shown by radioautography in mice given tritium-labeled glycine. Exp. Cell Res. **18**, 291 (1959).

DUDLEY, H. R., and D. SPIRO: The fine structure of bone cells. J. biophys. biochem. Cytol. **11**, 627 (1961).

FITTON-JACKSON, S., and J. T. RANDALL: Fibrogenesis and the formation of matrix in developing bone. In: Bone Structure and Metabolism, Ciba Foundation Symposium, p. 47. London: J. and A. Churchill, Ltd. 1956.

GLIMCHER, M. J.: The role of the macromolecular aggregation state and reactivity of collagen in calcification. In: Macromolecular Complexes (M. V. EDDS jr., editor), p. 53. New York: The Ronald Press Company 1961.

HANCOX, N. M., and B. BOOTHROYD: Motion picture and electron microscope studies on the embryonic avian osteoclast. J. biophys. biochem. Cytol. **11**, 651 (1961).

RASMUSSEN, H.: The parathyroid hormone. Sci. Amer. **204**, No. 4, p.56 (1961).

SHELDON, H., and R. A. ROBINSON: Studies on rickets. II. The fine structure of the cellular components of bone in experimental rickets. Z. Zellforsch. **53**, 685 (1961).

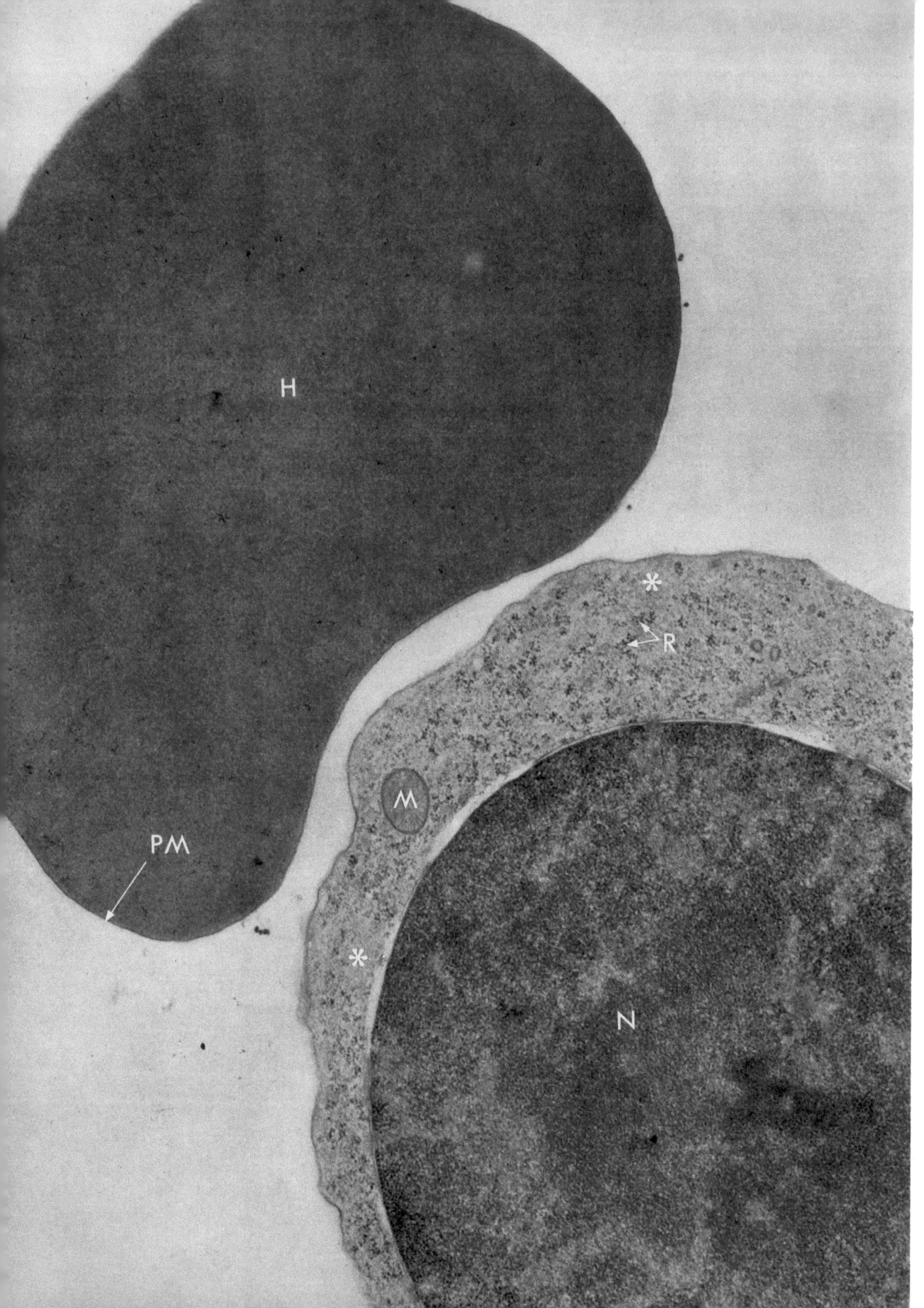

Tafel 19

Erythroblast und Erythrozyt [+]

Der Erythrozyt oder das rote Blutkörperchen der Säuger ist ein sinnfälliges Beispiel für eine spezialisierte Zelle. Die ausdifferenzierte Form, die im linken oberen Teil dieses Bildes gezeigt wird, entwickelt sich im hämatopoetischen Gewebe. Die begrenzende Membran (PM), hier als Linie sichtbar, umschließt eine Masse (H), welche hauptsächlich aus Hämoglobin besteht. Dieses respiratorische Pigment fällt in elektronenmikroskopischen Bildern durch seine Dichte auf, welche zum größten Teil auf den Gehalt an Eisen zurückzuführen ist. Der Kern wurde bei diesem roten Blutkörperchen bereits ausgestoßen, und die Mitochondrien haben sich aufgelöst, so daß die ausgereifte Zelle wenig Einzelbestandteile außer dem charakteristischen respiratorischen Pigment enthält. Im vorliegenden Bild sind einige wenige Partikel, wahrscheinlich Ribosomen, übriggeblieben und deuten darauf hin, daß die Proteinsynthese möglicherweise noch vollzogen wird. Bei völlig ausgereiften und im Blutstrom zirkulierenden Formen verschwinden auch diese Partikel, und die gesamte Zelleinrichtung für die Synthese geht verloren.

Ein frühes Stadium in der Entwicklung wird an Hand des unten rechts sichtbaren Erythroblasten dargestellt. Diese Zelle, möglicherweise ein basophiler Erythroblast, wird im hämatopoetischen Gewebe allgemein angetroffen; sie hat sich nicht mehr geteilt, im Gegensatz zum reifen Erythrozyten jedoch besitzt die Zelle noch einen Kern (N) mit Kernmembran, einige Mitochondrien (M) und kleine Gruppen von Ribosomen (R), die durch ein Stroma von bereits angesammeltem Hämoglobin (*) voneinander getrennt werden. Solche Gruppen von Ribosomen, in der Literatur als Polysomen bezeichnet, stellen die Baueinheit für die Proteinsynthese dar. Es ist beachtenswert, daß bei der Differenzierung dieser Zelle die Produktion von Protein für die intrazelluläre Ablagerung kein membranöses System, das heißt das sonst normalerweise im Zytoplasma der meisten Zellen vorhandene endoplasmatische Retikulum und den Golgi-Apparat, erfordert. Freie oder nicht an Membranen gebundene Ribosomen werden allgemein in embryonalen Zellen gefunden und stehen gleichermaßen mit dem zellulären Wachstumsvorgang und der Differenzierung, bei der Baustoffe zurückgehalten werden, im Zusammenhang.

[+] Aus der Leber eines Rattenembryo
Vergrößerung 30000fach

Literatur

BESSIS, M.: The blood cells and their formation. In: The Cell (J. BRACHET and A. E. MIRSKY, editors), vol. V, p. 163. New York: Academic Press 1961.

WARNER, J. R., A. RICH, and C. E. HALL: Electron microscope studies of ribosomal clusters synthesizing hemoglobin. Science **138**, 1399 (1962).

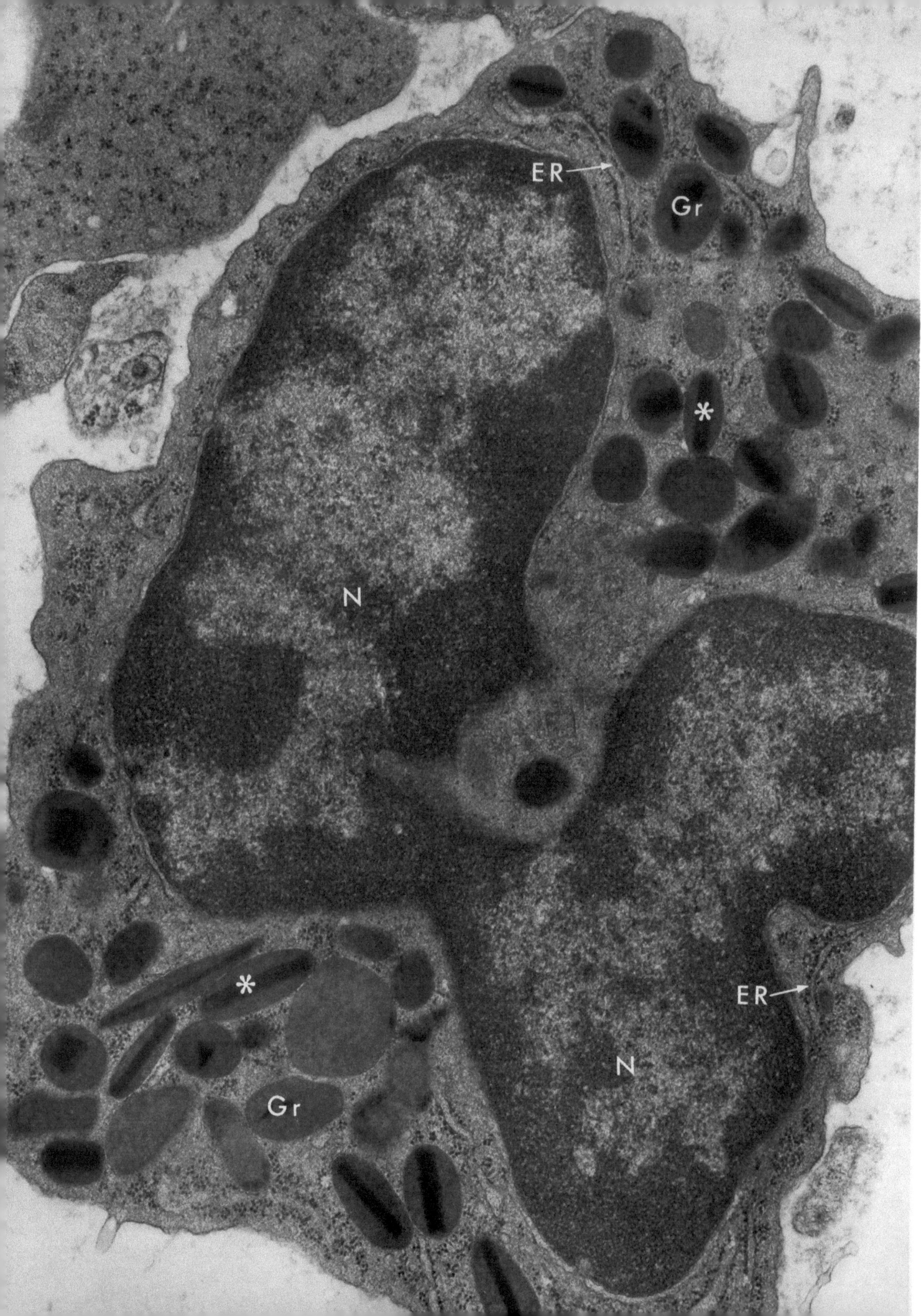

Tafel 20

Der eosinophile Leukozyt [+]

Die Eosinophilen mit ihrer Vielzahl an Granula im Zytoplasma haben lange die Aufmerksamkeit der Mikroskopiker angezogen, aber erst in letzter Zeit hat man im Verstehen ihrer Funktion einige Fortschritte gemacht. Die vorliegende elektronenmikroskopische Aufnahme zeigt die Struktur eines Eosinophilen, der, obwohl er noch im Knochenmark liegt, sich doch im Endstadium der Entwicklung befindet. Der Schnitt trifft einen Großteil des auffallend zweilappigen Kerns (N). Im peripheren Zytoplasma sieht man einige Zisternen des endoplasmatischen Retikulum (ER), die ein amorphes Material von geringer Dichte umschließen und an ihren Oberflächen mit zahlreichen Ribosomen besetzt sind. In diesem Leukozyten liegt ein breiter Golgi-Komplex eng dem Kern an, ist jedoch im vorliegenden Schnitt nicht getroffen.

Die am meisten hervortretenden Bestandteile der Zelle sind zahlreiche Granula (Gr), die für den Leukozyten charakteristisch sind: Es sind bikonvexe Scheiben, die von einer dünnen Membran umgrenzt werden und aus einer Matrix von mittlerer Dichte bestehen. Auf günstigen Schnitten sieht man ein oder mehrere Stäbchen von elektronendichtem, kristalloidem Material (*), welches in der Äquatorialebene des Granulum liegt. Neuerdings wurde gezeigt, daß unter gewissen Bedingungen die Eosinophilen phagozytieren und daß Granula, die dem aufgenommenen Material anliegen, platzen und verschwinden. Da man weiß, daß die Granula hydrolytische Enzyme enthalten, von denen viele auch in Lysosomen gefunden werden, nimmt man an, daß bei Freigabe der Inhalt der Granula aktiv bei der Zerstörung des von der Zelle phagozytierten Materials mitwirkt. Sowohl diese Wirkungskette als auch die Ansammlung von Eosinophilen an speziellen Stellen im Gewebe tritt wahrscheinlich nur als Antwort auf eine Antigen-Antikörper-Reaktion in Erscheinung.

[+] Aus dem Knochenmark der Ratte
Vergrößerung 37000fach

Literatur

ARCHER, G. T., and J. G. HIRSCH: Isolation of granules from eosinophil leucocytes and study of their enzyme content. J. exp. Med. **118**, 227 (1963).

— — Motion picture studies on degranulation of horse eosinophils during phagocytosis. J. exp. Med. **118**, 287 (1963).

Low, F. N., and J. A. FREEMAN: Electron Microscopic Atlas of Normal and Leukemic Human Blood. New York: McGraw-Hill Book Co. 1958.

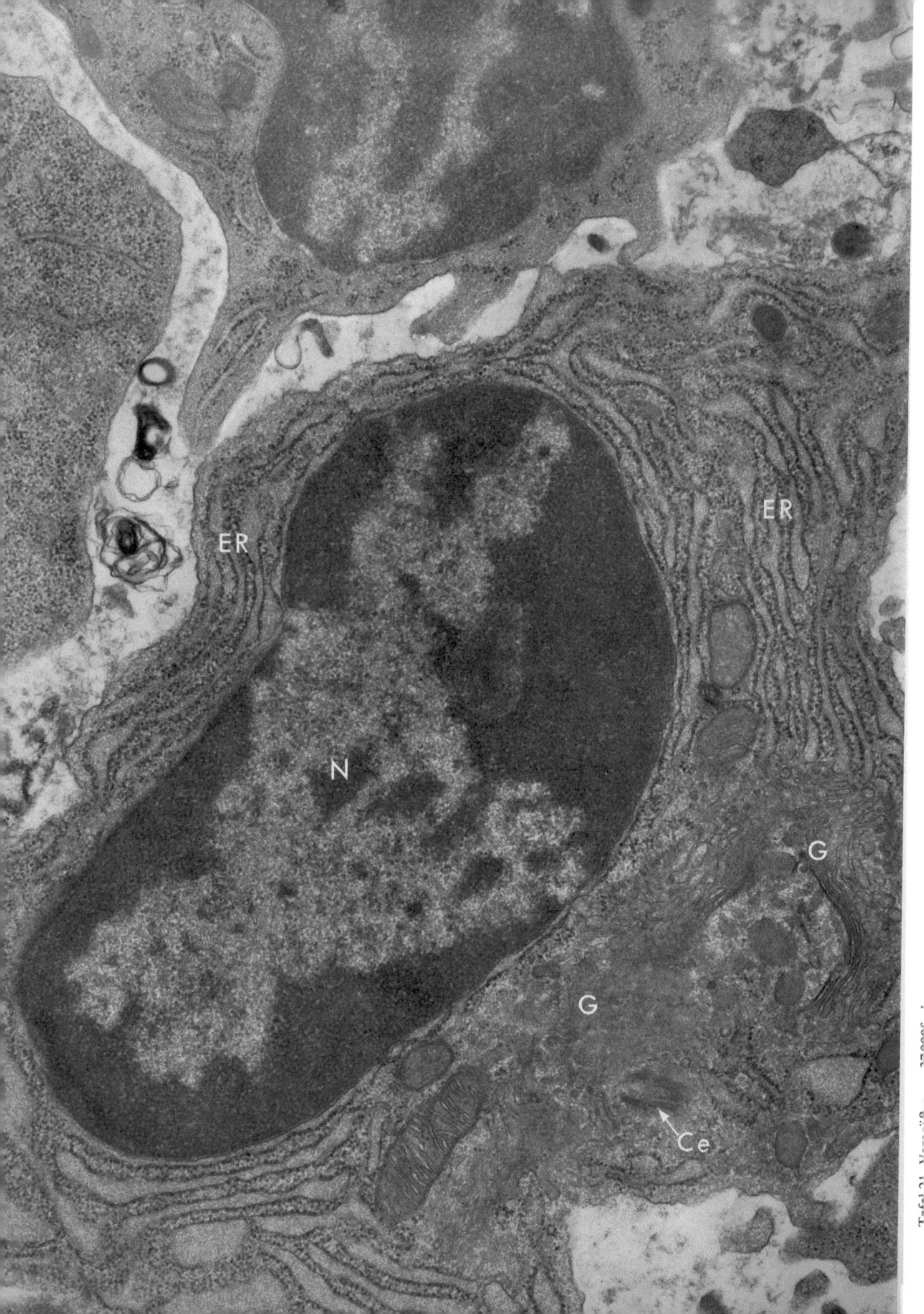

Tafel 21

Die Plasmazelle [+]

Das Modell der intrazellulären Membransysteme, die allgemein in Proteine sezernierenden Zellen gefunden werden, kann an Hand der Plasmazelle erneut besprochen werden. Die Basophilie des Zytoplasmas, hinreichend bekannt aus lichtmikroskopischen Bildern, ist auf die Anwesenheit von zahlreichen Ribosomen zurückzuführen, mit denen die Oberflächen der Zisternen und Vakuolen des endoplasmatischen Retikulum (ER) besetzt sind. Die an die Membranen gebundenen Zellbestandteile sind ein wenig aufgeweitet und mit amorphem Material von mittlerer Dichte angefüllt. Der ausgedehnte neben dem Kern liegende Golgi-Apparat (G), der unter dem Lichtmikroskop nur als negatives Bild identifiziert wird, tritt hier in seiner typischen Form als Ansammlung von ungranulierten Zellelementen, abgeplatteten Säckchen und vielen kleinen Bläschen zutage. Ein Zentriol (Ce) liegt direkt am Rande des Golgi-Apparates. Das Chromatin im Kern (N) dieser Zellen ist charakteristischerweise zu großen Anhäufungen direkt unterhalb der Kernmembran zusammenkondensiert, und das ergibt für den Lichtmikroskopiker das Bild des „Radspeichenkerns".

Beweismaterial aus verschiedenen Richtungen deutet darauf hin, daß die Plasmazelle der wichtigste Ort für die Antikörperproduktion darstellt. Man nimmt deshalb an, daß diese Zellen als Antwort auf eine Anzahl von Fremdmaterial (Antigene genannt) Proteine (Antikörper) produzieren, die sich spezifisch mit den fremden Antigenen verbinden. Ein Lebewesen, das solche Komplexe in sich trägt, wird dann als immunisiert bezeichnet. Diese höchst spezifische Reaktion dient dem Organismus, sich gegen schädliche Einflüsse von fremden Substanzen zu schützen.

Der direkte Beweis, daß die Synthese von Antikörpern in den Plasmazellen stattfindet, und die genaue Lokalisation, wo die Synthese in der Zelle vollzogen wird, konnte nun mit Hilfe des Elektronenmikroskopes erbracht werden. Wenn zum Beispiel Plasmazellen eines Tieres, welches gegen Pferde-Ferritin immunisiert wurde, nahezu fixiert, dem Ferritin ausgesetzt und dann für die Elektronenmikroskopie aufgearbeitet werden, so findet man, wie in der nachstehenden Textabbildung 21a gezeigt wird, daß das Ferritin als dichte Partikel sichtbar gemacht werden kann (auf Grund seiner Eisenkerne) und daß es spezifischerweise mit dem Inhalt der Zisternen der ER vergesellschaftet ist. Diese Reaktion zeigt die Lokalisation des Antikörpers und beweist, daß er wie andere Proteine in diesen Hohlräumen nach der Synthese abgeschieden wird.

Ähnliche Beobachtungen hat man gemacht, indem man andere Proteine als Antigene benutzt und dann mit Ferritin als Markierungssubstanz gekoppelt hat. Diese Untersuchungen leiten sich wiederum von früheren grundlegenden Studien ab, bei denen Antigene oder Antigen-Antikörper-Komplexe in Geweben mit Hilfe von Fluoreszenzfarbstoffen mit dem Lichtmikroskop lokalisiert worden waren.

Die Zelle im oberen Teil des Bildes kann als weniger reife Plasmazelle und diejenige im unteren Teil als ein Teil eines Erythroblasten identifiziert werden.

[+] Aus dem Knochenmark der Ratte
Vergrößerung 37000fach

Literatur

Coons, A. H., E. H. Leduc, and J. M. Connolly: Studies on antibody production. I. A method for the histochemical demonstration of specific antibody and its application to a study of the hyper-immune rabbit. J. exp. Med. **102**, 49 (1955).

Petris, S. de, G. Karlsbad, and B. Pernis: Localization of antibodies in plasma cells by electron microscopy. J. exp. Med. **117**, 849 (1963).

Rifkind, R. A., E. F. Osserman, K. C. Hsu, and C. Morgan: The intracellular distribution of gamma globulin in a mouse plasma cell tumor (X 5563) as revealed by fluorescence and electron microscopy. J. exp. Med. **116**, 423 (1962).

Textabbildung 21a

Diese elektronenmikroskopische Aufnahme wurde uns freundlicherweise von S. DE PETRIS zur Verfügung gestellt und zeigt einen Teil einer Plasmazelle eines Kaninchens, welches gegen Ferritin hyperimmunisiert worden ist. Diese und andere Zellen wurden mit Formalin fixiert, eingefroren und zweimal wieder aufgetaut (um die Zelle zu öffnen) und dann dem Antigen ausgesetzt. Die dichten Partikel in den Zisternen des ER stellen Ferritin in Verbindung mit dem Antikörper dar. Ein Teil eines Mitochondrium (M) ist links dargestellt.

Vergrößerung 61 000fach

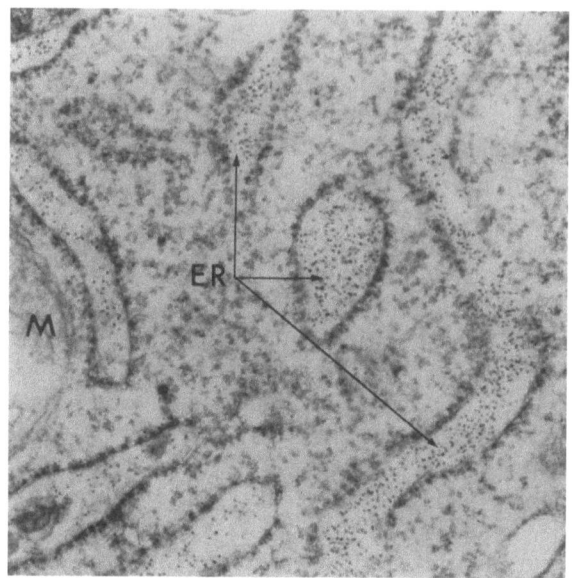

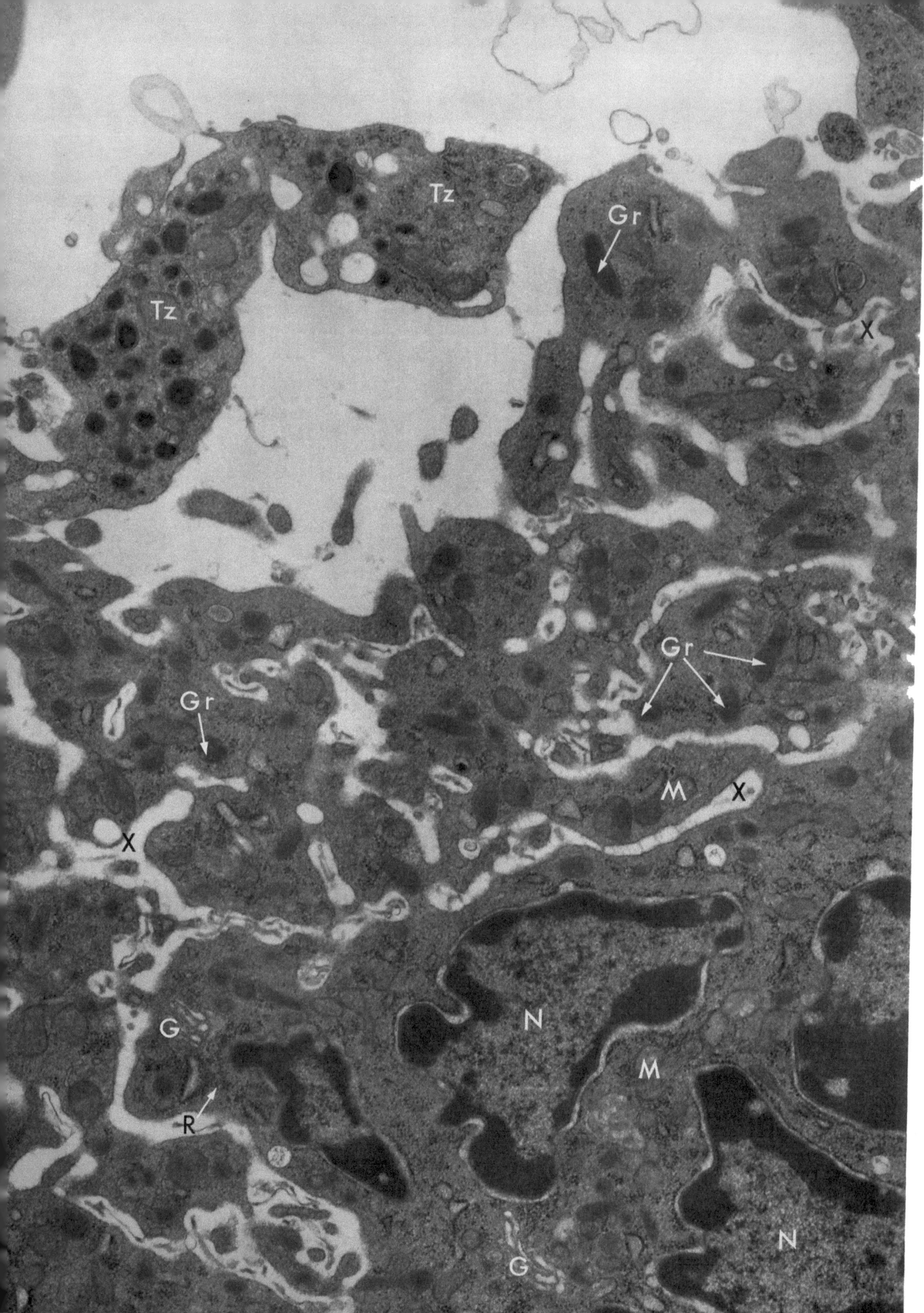

Tafel 22

Der Megakaryozyt [+]

Im blutbildenden Gewebe der Säugetiere kann der Megakaryozyt leicht auf Grund seines großen gelappten Kerns, nach dem er benannt ist, und an Hand seines ausgedehnten Zytoplasmas, welches ihn zum „Riesen" unter den myeloischen Elementen macht, identifiziert werden. Schon zu Beginn dieses Jahrhunderts haben sorgfältige Untersuchungen mit dem Lichtmikroskop ergeben, daß aus diesen Zellen die Blutplättchen oder Thrombozyten entstehen, welche die Gerinnung im Blut fördern. In neuerer Zeit haben Untersuchungen mit dem Elektronenmikroskop weitere Ergebnisse über die Art ihrer Entstehung hinzugefügt. Im vorliegenden Bild können nur kleine Teile des Kerns (N) gesehen werden, und das Zytoplasma ist nur teilweise getroffen. Besonders im letzteren kann man verschiedene Strukturbesonderheiten beobachten. Neben Mitochondrien (M), Golgi-Zone (G) und Ribosomen (R) ist das Zytoplasma übersät mit rundlichen bis länglichen Granula von mittlerer Dichte (Gr), die offensichtlich von einer Membran begrenzt werden. Elektronenmikroskopische Aufnahmen bestärken die Annahme, daß diese Granula in der Golgi-Region in ähnlicher Weise gebildet werden wie die Zymogengranula in den Azinuszellen des Pankreas. Die Granula erinnern sehr an die in den Thrombozyten gefundenen, und biochemische Studien haben ergeben, daß mit der granulareichen Fraktion, welche aus Blutplättchen isoliert wurde, eine gerinnungsfördernde Aktivität verbunden ist.

Der einzelne Thrombozyt jedoch ist ein kleines Gebilde ohne Kern. Er enthält innerhalb einer Plasmamembran Zellbestandteile wie Mitochondrien, Ribosomen und Bläschen des endoplasmatischen Retikulum, die in Verbindung stehen mit den ebengenannten charakteristischen Granula. Eine solche Struktur ist bei Tc oben links zu sehen.

Man nimmt an, daß sich die Plättchen aus dem Megakaryozyten durch einen Vorgang bilden, bei dem das Zytoplasma der Mutterzelle zuerst geteilt und dann entlang der Teilungslinie abgetrennt wird. Als erstes bildet sich bei diesem Vorgang eine Linie von „Demarkationsbläschen der Blutplättchen". Auf dünnen Schnitten erscheinen diese als fadenförmige, von einer Membran umhüllte Elemente. Später verschmelzen die Bläschen miteinander, werden röhrenförmig, und noch später bilden sie große abgeplattete Zisternen, die sogenannten „Demarkationsmembranen der Blutplättchen" (X). So entwickelt sich ein System von vesiculären Septen, und jedes dieser abgetrennten Areale wird möglicherweise vollständig vom Megakaryozyten losgelöst (siehe oben links im Bild). Dies ist im wesentlichen eine Art apokriner Sekretion. Obwohl die allgemeinen Grundzüge der Thrombozytenbildung aufgedeckt worden sind, bleiben doch noch viele Fragen, die diesen besonderen Vorgang betreffen, offen. Sowohl der Ursprung der membranösen Teilungen als auch die Art, wie sie sich miteinander vereinigen, erfordert genauere Untersuchungen.

[+] Aus dem Knochenmark der Ratte
Vergrößerung 30000fach

Literatur

CRONKITE, E. P., V. P. BOND, T. M. FLIEDNER, D. A. PAGLIA, and E. R. ADAMIK: Studies on the origin, production and destruction of platelets. In: Blood Platelets (S. A. JOHNSON, R. MONTO, J. REBUCK, and R. C. HORN, editors), p. 595. Boston: Little, Brown & Co. 1961.

PARKS, H. F.: Morphological study of secretory materials by the parotid glands of the mouse and rat. J. Ultrastruct. Res. **6**, 449 (1962).

RODMAN jr., N. F., J. C. PAINTER, and N. B. McDEVITT: Platelet disintegration during clotting. J. Cell Biol. **16**, 225 (1963).

THIÉRY, J. P., et M. BESSIS: Mécanisme de la plaquettogénèse: étude *in vitro* par la microcinématographie. Rev. Hémat. **11**, 162 (1956).

YAMADA, E.: The fine structure of the megakaryocyte in the mouse spleen. Acta anat. (Basel) **29**, 267 (1957).

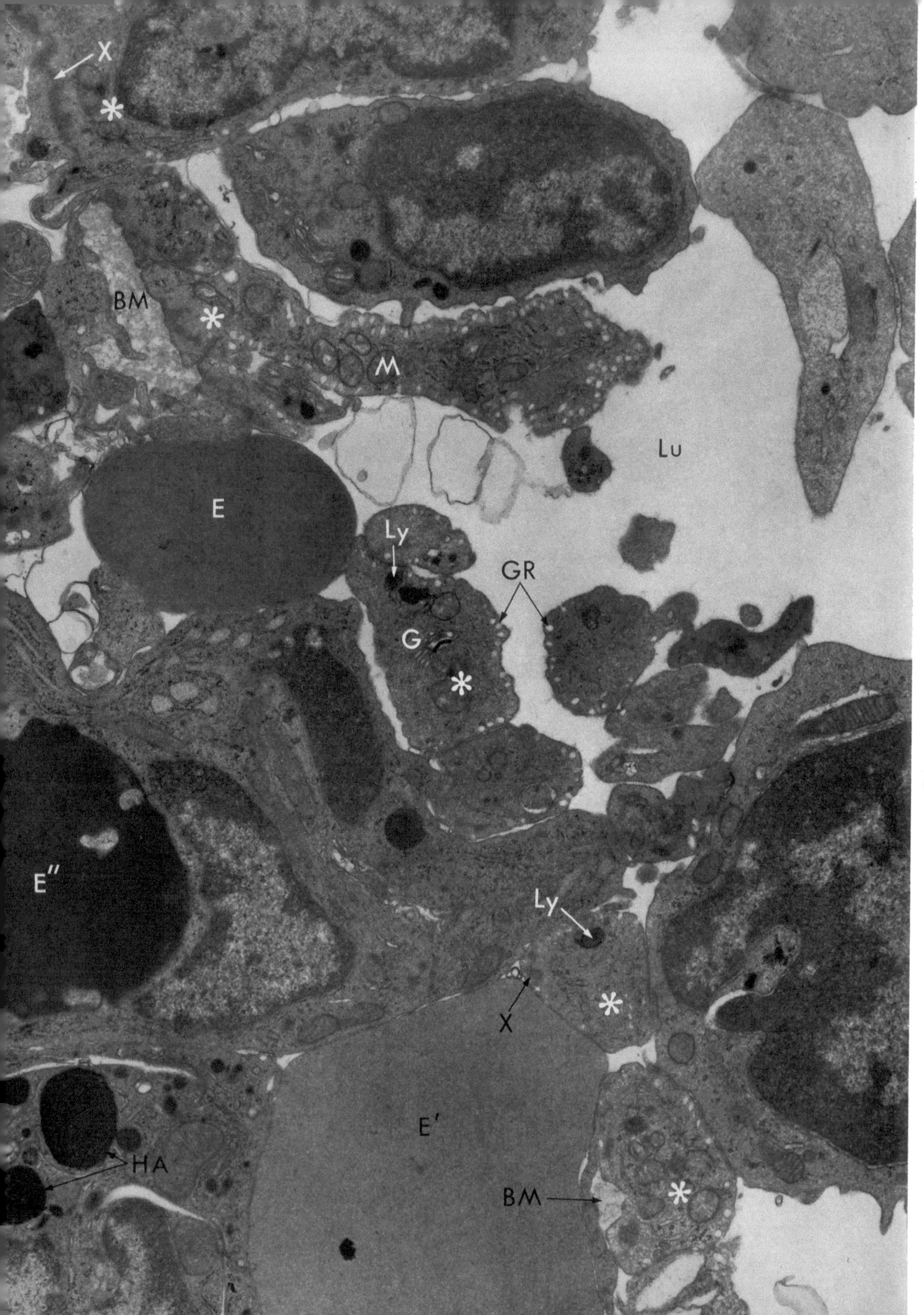

Tafel 23

Die Sinusoide der Milz [+]

In der Milz wird das Blut gefiltert, indem es den Zellen des retikuloendothelialen Systems ausgesetzt wird. Diese sind Phagozyten oder potentielle Phagozyten, die in ein feines fibröses Netzwerk eingebettet sind. Unter dem Lichtmikroskop kann das Maschenwerk oder Retikulum mit Hilfe von Silberfärbungen oder mit der PAS-Reaktion sichtbar gemacht werden. Unter dem Elektronenmikroskop ist dieses extrazelluläre Material amorph, von mittlerer Dichte und ähnelt auffallend den feinen Basalmembranen unter den verschiedensten Epithelien, die in diesem Atlas oft gezeigt wurden (siehe zum Beispiel die Tafeln 7, 11 und 12). Gelegentlich findet man feine Kollagenfibrillen in Verbindung mit den Retikulinfasern. Wie in anderen lymphatischen Geweben, wie etwa den Lymphknoten, enthält dieses stützende Netzwerk Zentren, wo Lymphozyten und Plasmazellen gebildet werden. Diese Bezirke werden in der Milz als weiße Pulpa bezeichnet. Aber zum Unterschied zu anderen lymphatischen Geweben ist das retikuläre Gewebe der Milz mit Blut durchsetzt. Die Anwesenheit zahlreicher Erythrozyten erklärt das Aussehen von Stellen, die als rote Pulpa bekannt sind.

Obwohl die Zirkulation in der Milz sorgfältig untersucht wurde, ist es bis jetzt unsicher, wie das Blut in das retikuläre Gewebe gelangt. Es ist bekannt, daß ein kompliziertes System von kleinen Arterien vorhanden ist und daß auffallende venöse Sinus die ersten Sammelgefäße darstellen. Aber es ist unbekannt, ob die Arterien sich in die Interstitien des retikularen Gewebes oder direkt in die Sinus durch ein geschlossenes Gefäßsystem entleeren. Auf jeden Fall findet man Öffnungen in der Wand der Sinus, so daß eine Bewegung der Zellen sowohl in das Gefäßsystem hinein als aus ihm heraus in dieser Gegend eine sichere Möglichkeit ist.

In der vorliegenden Aufnahme kann die Wand der venösen Sinus studiert werden. Auf der rechten Seite sind das Lumen (Lu) und Teile der es begrenzenden Uferzellen (*) quer über das Bild angeordnet. Diese Zellen unterscheiden sich in gewisser Hinsicht von den Endothelien, welche einen Großteil des Gefäßsystems auskleiden. Als erstes sind sie viel dicker als diese (siehe Tafeln 8 und 11) und können in der Gegend des Kerns ein zylindrisches Aussehen annehmen (im oberen Teil der Tafel). Ihr Zytoplasma ist reich an Mitochondrien (M), RNP-Partikel sind in großer Zahl vorhanden, und auch einige Golgi-Komplexe (G) können gesehen werden. Grübchen (GR) und kleine Bläschen, wie man sie allgemein in Endothelzellen findet, sind besonders reichlich an oder in der Nähe der freien Oberflächen dieser Randzellen der Sinusoide vorhanden. Zusätzlich enthalten sie noch Lysosomen (Ly).

Die Uferzellen ruhen auf einer Schicht von Retikulin (BM), welches eine unvollständige Basalmembran bildet. Ein unregelmäßiges Band von elektronendichtem Material (X) liegt in der basalen Region der Zellen und ist der darunterliegenden Basalmembran zugewandt. Es erscheint sehr wahrscheinlich, daß dieses Material eine Stützfunktion in den Uferzellen ausübt.

Das vielleicht auffallendste Kennzeichen der venösen Sinus sind die weiten Spalten, die man zwischen den Zellen finden kann. Im vorliegenden Fall liegt ein Erythrozyt (E) in der Nähe einer solchen Öffnung. Im unteren Teil des Bildes scheint ein anderer Erythrozyt (E') völlig aus dem Gefäßsystem hinausgelangt zu sein.

Die Zellen des Retikuloendothels haben die besondere Fähigkeit, die roten Blutkörperchen zu überwachen und unter ihnen abgenutzte oder geschädigte Zellen aufzuspüren, die sie dann aufnehmen und zerstören. Ein solches rotes Blutkörperchen (E'') ist innerhalb einer großen Retikulumzelle sichtbar, von der ein Teil zwischen zwei Uferzellen vorragt. Nachdem das rote Blutkörperchen phagozytiert wurde, nimmt es an Dichte zu und wird an seiner Oberfläche angenagt. Sobald die Erythrozyten abgebaut worden sind, wird das Bilirubin, ein vom Hämoglobin hergeleitetes Pigment, in den Blutstrom abgegeben. Die Überreste aus dem Abbau des roten Blutkörperchens bleiben als dichte Granula, welche man als Hämosiderinablagerung bezeichnet (HA), in der Zelle zurück. Das Hämosiderin enthält einen als Ferritin bezeichneten Eisen-Protein-Komplex. Das Eisen wird so konserviert und möglicherweise zu den Erythroblasten transportiert und dort eingebaut.

Die Voraussetzungen, warum abgenutzte oder geschädigte Zellen durch die Phagozytose zerstört werden, sind nicht völlig bekannt. Bei einer Krankheit, die man erbliche Sphaerozytose nennt, sind die roten Blutkörperchen abnorm und werden sehr schnell sowohl in der Milz von Menschen, die an dieser Krankheit leiden, als auch in der Milz von gesunden Menschen, denen man Sphaerozyten injiziert hat, zerstört. Bei Personen ohne Milz ist die Lebensspanne der abnormen roten Blutkörperchen nahezu normal. Neuere Untersuchungen deuten darauf hin, daß eine exzessiv hohe Permeabilität des roten Blutkörperchens für das Natrium-Ion möglicherweise der primäre Defekt bei dieser Krankheit ist.

+ Aus der Milz des Meerschweinchens
Vergrößerung 17000fach

Literatur

Crosby, W. H.: Normal functions of the spleen relative to red blood cells: A review. Blood **14**, 399 (1959).

Jacob, H. S., and J. H. Jandl: Increased cell membrane permeability in the pathogenesis of hereditary spherocytosis. J. clin. Invest. (in press 1963).

Weiss, L.: The structure of fine splenic arterial vessels in relation to hemoconcentration and red cell destruction. Amer. J. Anat. **111**, 131 (1962).

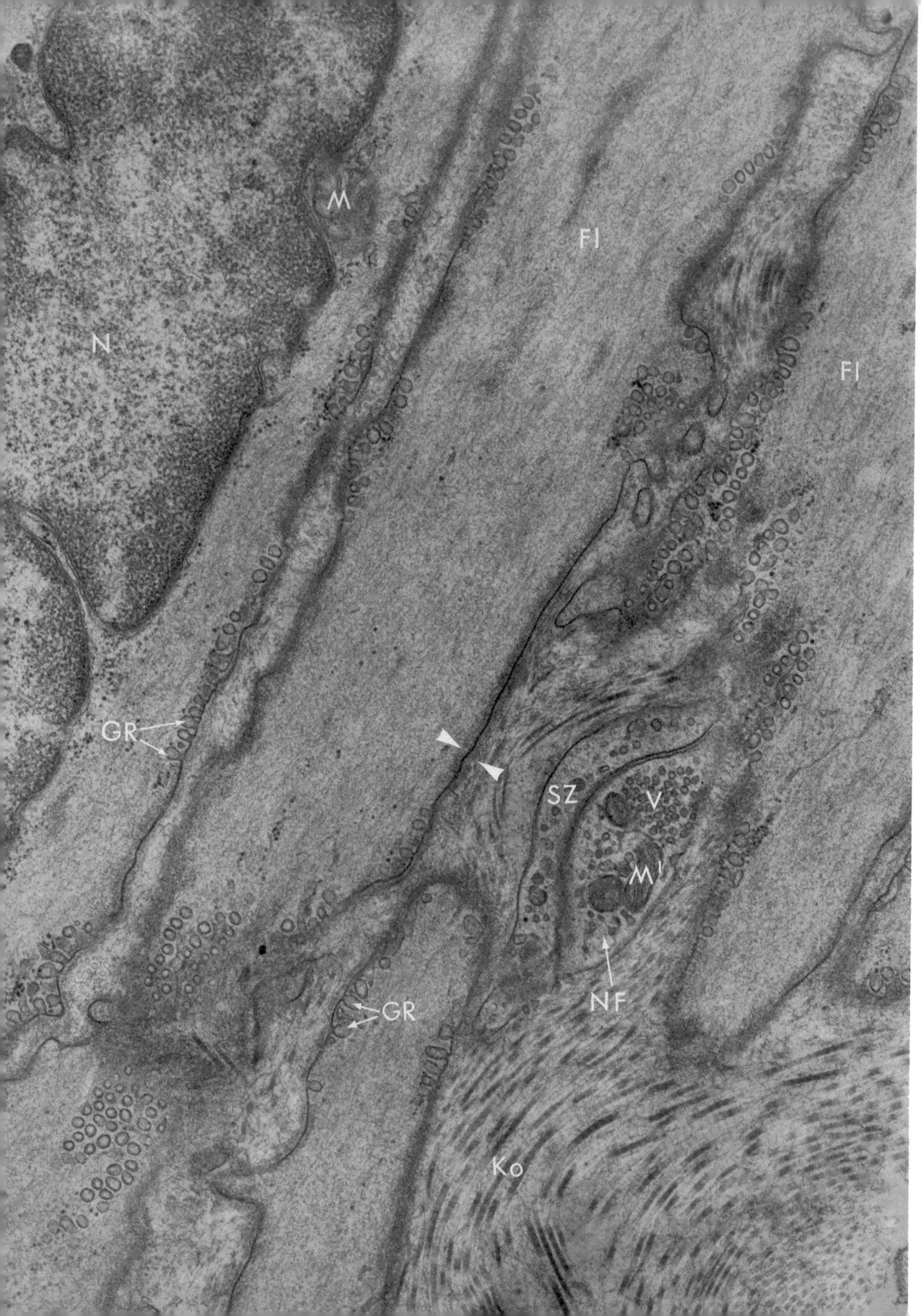

Tafel 24

Glatte Muskulatur [+]

Die glatte Muskulatur ist aus spindelförmigen Zellen zusammengesetzt, die ein spezialisiertes System von kontraktilen Proteinen enthalten. Die Zellen stehen mit den Bindegewebsfasern, die sie miteinander verbinden, in engem Kontakt. In dieser Hinsicht ist die glatte Muskulatur der quergestreiften ähnlich, aber im Gegensatz zur letzteren sind bei der glatten Muskulatur die kontraktilen Elemente nicht zu einem charakteristischen Verteilungsmuster zusammengefaßt, welches Rückschlüsse auf ihre Funktion erlauben würde. Man sieht nur sehr dünne Filamente (Fl), die parallel zur Längsachse der Zelle (Faser) verlaufen und die Hauptmasse des Zytoplasmas ausmachen. Im allgemeinen sammeln sich nahe der unregelmäßigen Oberfläche des Kerns (N) Mitochondrien (M) an. Das endoplasmatische Retikulum scheint durch wenige ungranulierte Bläschen in der perinukleären Region vertreten zu sein.

Neben dem Vorkommen des kontraktilen Materials sind die glatten Muskelzellen durch besondere Struktureinheiten, die mit der Plasmamembran in Verbindung stehen, gekennzeichnet. Es sind dies gewisse flaschenförmige Einstülpungen (Grübchen) der Membran (GR), die im peripheren Zytoplasma vorkommen. Ihre Form deutet darauf hin, daß hier Substanzen nach einem der Pinozytose verwandten Vorgang in die Zelle aufgenommen werden sollen (vergleiche Tafel 8). Die Häufigkeit dieser Einstülpungen verdeutlicht unzweifelhaft ihre Wichtigkeit im Funktionsablauf der Zelle, aber immer noch bleibt ihre wahre Rolle ein Gegenstand für Spekulationen. Ebenfalls in Verbindung mit der Plasmamembran findet sich ein feines Faltwerk von mitteldichtem Material, welches an jeder Seite der durch die Zellmembran (Pfeile) dargestellten Linie liegt. Das extrazelluläre Material ist dicht verwoben mit der Matrix und den Fibrillen des umgebenden Bindegewebes, und wahrscheinlich verbindet das Faltwerk die Muskelzellen mit den beispielsweise unten rechts im Bild sichtbaren Bindegewebsfasern (Ko).

Neuerdings hat man besondere Zonen der Anheftung beobachtet, wo die Plasmamembranen von benachbarten glatten Muskelfasern miteinander vereinigt werden und keinerlei Bindegewebsfasern zwischen sie zu liegen kommen. Es wurde behauptet, daß diese Kontaktzonen eine Funktion bei der Übertragung der Erregungsimpulse von einer Faser auf die andere ausüben.

Auf der rechten Seite des Bildes sieht man den Querschnitt einer kleinen autonomen Nervenfaser (NF) neben der Muskelzelle. Mitochondrien (M') und Bläschen (V), welche beide in der Nähe der Synapsenregion zwischen Nerv und Muskel (oder Nerv) zu finden sind, deuten darauf hin, daß es sich hier um den terminalen Teil der Nervenfaser handelt, doch ist das dichte Aneinandertreten der Plasmamembranen und die Bildung einer Synapse nicht zu sehen. Das die eine Seite der Nervenfaser bedeckende Zytoplasma (SZ) gehört vermutlich zu einer Schwannschen Zelle. Der Feinbau des Nervengewebes wird im Detail noch an Hand der Tafel 28 bis 30 besprochen.

[+] Aus dem Oesophagus der Fledermaus
Vergrößerung 38 500fach

Literatur

CAESAR, R., G. A. EDWARDS, and H. RUSKA: Architecture and nerve supply of mammalian smooth muscle tissue. J. biophys. biochem. Cytol. 3, 867 (1957).

DEWEY, M. M., and L. BARR: Intercellular connection between smooth muscle cells: the nexus. Science 137, 670 (1962).

THAEMERT, J. C.: Intercellular bridges as protoplasmic anastomoses between smooth muscle cells. J. biophys. biochem. Cytol. 6, 67 (1959).

Tafel 25

Skelettmuskel und sarkoplasmatisches Retikulum [+]

Die für Skelett- und Herzmuskulatur charakteristische Querstreifung ist der Ausdruck des geordneten Gefüges der kontraktilen Fibrillen, welche das Zytoplasma jeder dieser langgestreckten, zylindrischen und mit mehreren Kernen versehenen Zellen oder Fasern anfüllen. Einige dieser Fibrillen (*) in der Randzone einer Faser werden in dieser Aufnahme gezeigt. Sie selbst sind wiederum deutlich aus Filamenten zusammengesetzt, deren Verteilung im Zusammenhang mit den abwechselnd hellen und dunklen Querbändern steht. Da in isolierten Fibrillen diese Querbänder in strenger Reihenfolge auftreten, bildet die Gesamtheit der Fibrillen die wohlbekannte Querstreifung der Zelle.

Jede sich wiederholende Folge der Querstreifung ergibt, was man in der Literatur als Sarkomer bezeichnet, und das so definierte Segment wird als die funktionelle Einheit der Kontraktion betrachtet. Von den verschiedenen Bändern der Querstreifung wird die Z-Linie allgemein als Grenzlinie des Sarkomer angesehen. Diese Linie ist ungewöhnlich dicht, besonders bei kontrahierten Fibrillen und kann korrekterweise als eine Art von Septum betrachtet werden, welches ohne Unterbrechung quer durch die Fibrille verläuft. Die anderen Bänder des Sarkomer sind besonders bezeichnet. Der isotrope Streifen, I, wird durch die Z-Linie in zwei Teile geteilt. Der anisotrope Streifen, A, ist der elektronendichtere und wird durch ein schmales, helles Band, den H-Streifen, unterteilt. Und häufig erscheint eine Linie, die mit M bezeichnet wird, entlang der Mittellinie des H-Bandes.

Sorgfältige Studien der Feinstruktur der Myofibrillen haben die Anwesenheit von wenigstens zwei Arten von Filamenten in den Fibrillen ergeben. Das dickere und deutlicher sichtbare der beiden Filamente verläuft in der Längsrichtung des A-Bandes. Es wird durch das Protein Myosin repräsentiert, welches neben anderen Besonderheiten eine ATP-ase Aktivität besitzt. Der zweite Typ von filamentöser Einheit ist dünner und weniger deutlich sichtbar als der erste. Er ist in einer höchst geordneten Verteilung mit den Myosinfilamenten verflochten und erstreckt sich von der Z-Linie bis zum äußeren Rand des H-Bandes. Bei der Kontraktion gleiten diese Aktinfilamente zwischen die Myosin-Einheiten, was zur Folge hat, daß I- und H-Band verschwinden. Die Myosinfilamente haben kleine seitliche Fortsätze, welche eine feine transversal verlaufende Bindung zur Fibrille ergeben, und man nimmt an, daß sie eine Rolle beim Gleitvorgang während der Kontraktion und beim Zusammenhalt der beiden filamentösen Systeme spielen.

Neben den Fibrillen zeigt die vorliegende Aufnahme eine deutlich sichtbare vesikuläre Komponente im interfibrillären Zytoplasma oder Sarkoplasma, wie es beim Muskel genannt wird. Es ist das endoplasmatische Retikulum der Muskelzelle, und man bezeichnet es in der Literatur als sarkoplasmatisches Retikulum (SR). Wie in anderen Zellen ist es aus untereinander verbundenen und anastomosierenden Tubuli und Bläschen zusammengesetzt, mit der Besonderheit, daß es nur in Beziehung zu jedem Sarkomer der Myofibrillen verteilt liegt. So bildet es eine Umhüllung um die Fibrillen in Form von Borten (SR), die in Höhe der Z-Linie unterbrochen sind. In dieser Höhe wird das SR durch erweiterte Säckchen oder Bläschen repräsentiert, die eng einem querverlaufenden Membransystem anliegen, das man T-System (TS) nennt und das in das Sarkolemm oder in die Grenzmembran der Muskelfaser übergeht.

Mit der Entdeckung des T-Systems wurde ein grundlegendes Problem der Muskelkontraktion weitgehend aufgeklärt, wenn auch noch nicht völlig gelöst; es ist die überraschende Tatsache, daß Myofibrillen im Zentrum einer Faser, möglicherweise 50 μ von der Oberfläche entfernt, sich gleichzeitig mit den Fibrillen an der Oberfläche oder in der Nähe der elektrischen Erregung kontrahieren. Die Erregung breitet sich gerade während der fortschreitenden Kontraktion über die Muskelfaser aus. Man hat sich gefragt, wie die Erregung so schnell zu den zentralen Fibrillen gelangt. Die Antwort wurde letztlich in morphologischen Begriffen durch die Entdeckung von ausgedehnten Einstülpungen des Sarkolemms gegeben, die bis in das Zentrum der Faser reichen. Es sind bläschenförmige Elemente des T-Systems (TS), die gerade in Höhe der Z-Linie liegen. In anderen Muskeln, besonders in solchen mit schnellerer Kontraktion, ist das T-System viel ausgedehnter entwickelt und findet sich gegenüber einer jeden Verbindung von A- und I-Band. Gerade hier überträgt es, auf Grund seiner Kontinuität mit dem Sarkolemm, quer durch die Faser einen Teil der Veränderung im Membranpotential, welche die Muskelerregung begleitet.

Die Beziehung der beiden Membransysteme, des SR- und des T-Systems, zu den Myofibrillen wird noch einmal in einer dreidimensionalen Zeichnung in Textabbildung 25a dargestellt.

[+] Aus dem Schwanzmuskel einer Amphibienlarve (Rana pipiens)
Vergrößerung 29000fach

Literatur

Fawcett, D. W., and J. P. Revel: The sarcoplasmic reticulum of a fast-acting fish muscle. J. biophys. biochem. Cytol. 10, Suppl., 89 (1961).

Huxley, H. E.: The double array of filaments in cross-striated muscle. J. biophys. biochem. Cytol. 3, 631 (1957).

—, and R. E. Taylor: Local activation of striated muscle fibers. J. Physiol. (Lond.) 144, 426 (1958).

Porter, K. R., and G. E. Palade: Studies on the endoplasmatic reticulum. III. Its form and distribution in striated muscle cells. J. biophys. biochem. Cytol. 3, 269 (1957).

Smith, D. S.: Reticular organizations within the striated muscle cell. J. biophys. biochem. Cytol. 10, Suppl., 61 (1961).

Textabbildung 25a

Die vorliegende dreidimensionale Zeichnung wird abgebildet, um die strukturelle Beziehung zwischen den Myofibrillen und den beiden ungranulierten Membransystemen, dem sarkoplasmatischen Retikulum und dem T-System, die in den Fasern der Skelettmuskulatur gefunden werden, zu veranschaulichen. Die Myofibrillen sind zylindrische Säulen von dichtgepackten Filamenten. Am oberen Rand der Zeichnung sieht man vier Fibrillen im Querschnitt. Wie bereits an Hand von Tafel 25 beschrieben, sind die Fibrillen aus sich wiederholenden Einheiten, den Sarkomeren, zusammengesetzt. Das sind walzenförmige Segmente, die alle von der gleichen Größe mit ihren Enden aneinanderstoßend zusammengefügt sind, und jedes stimmt in der Reihenfolge mit den benachbarten überein. Ein Netz von anastomosierenden Schläuchen, alle ein Teil des sarkoplasmatischen Retikulum (SR), liegt in dem Sarkoplasma zwischen den Myofibrillen und umhüllt jedes Sarkomer. Das Retikulum ist gewöhnlich in der Gegend des I-Bandes ausgebreitet (SR'), und in der Höhe des Z-Streifens, welcher die Grenze zwischen zwei Sarkomeren kennzeichnet, liegt die Umhüllung eng den Membranen des T-Systems an (TS) und bildet die sogenannte Triade (3 Pfeile). Das T-System stellt tiefe, enge Einfaltungen des Sarkolemms oder der Plasmamembran der Muskelfaser dar. Sein Innenraum leitet sich deshalb vom extrazellulären Raum ab. Bisher liegt kein Beweis vor, daß das T-System an irgendeiner Stelle in das Hohlraumsystem des sarkoplasmatischen Retikulum oder in irgendeinen anderen intrazellulären Raum übergeht. Das T-System kann als Netzwerk gezeichnet werden, das von Poren durchlöchert ist, durch welche die Myofibrillen durchtreten. Dieser Aufbau ist oben links in der Zeichnung angedeutet, wo die Fibrillen durchscheinend dargestellt sind. Als Ganzes erinnert das T-System an eine Reihe von perforierten Lamellen oder Netzen, welche die langgestreckte Muskelzelle an den regelmäßigen Intervallen der Sarkomere unterbricht. Es steht offensichtlich in engem Kontakt sowohl mit den Myofibrillen als auch mit den Bläschen des sarkoplasmatischen Retikulum und schafft so Beziehungen, die zweifelsohne für eine schnelle Kontraktion und Erschlaffung der Muskelzelle von Bedeutung sind.

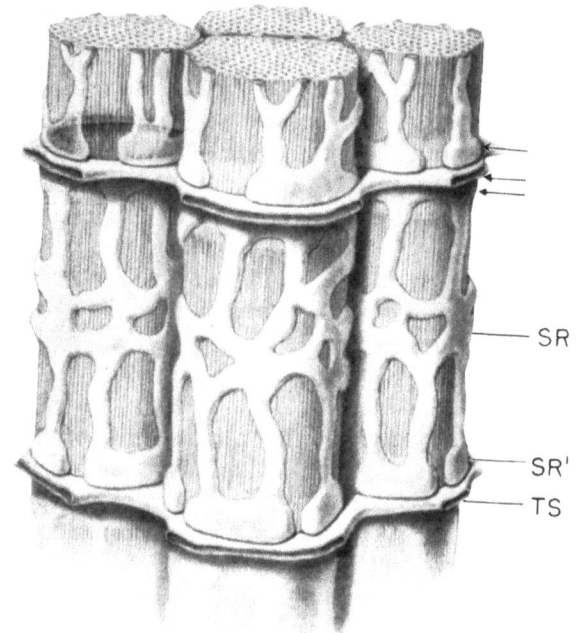

Tafel 26. Vergrößerung 30.500fach

Tafel 26

Herzmuskel [+]

Der Herzmuskel ist wie der Skelettmuskel quergestreift, und die Anordnung der kontraktilen Fibrillen und der anderen Bestandteile unterscheidet sich nur in Einzelheiten von der im Skelettmuskel. In der vorliegenden Aufnahme sieht man Ausschnitte aus dem Zytoplasma einiger Herzmuskelzellen (Fasern). Die Zelle rechts oben im Bild ist durch eine dünne Lage von feinen Bindegewebsfibrillen (Ko) von den seitlichen Flächen der links sichtbaren Zellsäule getrennt, dazwischen ist eine Kapillare in das gut vaskularisierte Gewebe eingelagert. Man sieht das bläschenförmige Zytoplasma der Endothelzellen (En) und einen Anschnitt eines Erythrozyten (E).

Wie bei der Skelettmuskulatur verlaufen auch hier die Myofibrillen in der Längsrichtung der Zelle, aber zum Unterschied zu den Fibrillen im Skelettmuskel sind sie hier verzweigt. Die Sarkomere zeigen die gleiche Verteilung der Querstreifung wie im Skelettmuskel. In der vorliegenden Aufnahme sind die Z-Streifen (Z), welche die Sarkomere begrenzen, leicht zu erkennen. Jedoch ist der Muskel kontrahiert, so daß die Zone der I-Streifen (I) nahezu verschwunden ist und das A-Band (A) die ganze Länge der Sarkomere einnimmt. Im kontrahierten Zustand erscheint normalerweise an der Stelle des H-Streifens (H) ein dunkles Band.

Der Herzmuskel ist bemerkenswert wegen der Größe und Anzahl seiner Mitochondrien oder Sarkosomen (M), die hauptsächlich die Funktion haben, den ungewöhnlichen Bedarf der Zellen für ATP zu decken. Sie sind säulenförmig zwischen den Myofibrillen angeordnet. Oft liegen Lipoid-Tropfen (L) an der Seite der Energie liefernden Sarkosomen.

Viele Jahre lang hielt man den Herzmuskel für ein Synzytium. Erst in neuerer Zeit wurde die Bedeutung der disci intercalares, die lange für die Lichtmikroskopiker ein Rätsel waren, verstanden. Die Querlinie ist in Wirklichkeit eine kompliziert gebaute Anheftungszone, an der die langgestreckten Zellen End-zu-End miteinander verbunden sind. Auf diese Weise werden parallel zueinander angeordnete Säulen von Fasern gebildet. In dieser Aufnahme werden zwei Zellen links im Bild durch einen discus intercalaris (a, b, c) miteinander verbunden. Obwohl die Querlinien (disci) immer in der Höhe der Z-Streifen liegen, kommen sie doch nicht immer an Z-Streifen vor, die in der Reihenfolge einander entsprechen: das heißt, die Höhe des discus kann sich um eine Sarkomerlänge verschoben haben. Deshalb liegt in der vorliegenden Aufnahme der mittlere Teil des Diskus (b) in Höhe eines anderen Z-Streifens als die beiden danebenliegenden Querlinien (a, c). Es folgt daraus, daß die Grenzen von benachbarten Zellen nicht alle in einer Ebene liegen, sondern notwendigerweise miteinander verzahnt sind. Man kann die gefaltete Plasmamembran von miteinander verbundenen Zellen entlang dieser spezialisierten Verbindung verfolgen; entlang ihrer zytoplasmatischen Oberflächen hat sich ein elektronendichtes Material angesammelt. Vom Gesichtspunkt der Morphologie und der Funktion aus kann man diese Zonen innerhalb der disci intercalares als modifizierte Desmosomen (siehe Tafel 9) betrachten. Andererseits kommt die seitliche Plasmamembran (d) in engeren Kontakt zum Sarkomer, um feste Verbindungen („tight" junctions) zu bilden. Es wird angenommen, daß diese Verbindungen mit der Ausbreitung der Erregung über den Muskel im Zusammenhang stehen.

Das Sarkolemm der seitlichen Oberflächen der Herzmuskelfaser ist in Höhe des Z-Streifens eingefaltet (*). Durch diese Anordnung kommt die Plasmamembran in engen Kontakt nicht nur mit den ungranulierten Elementen des sarkoplasmatischen (endoplasmatischen) Retikulum, sondern auch wie im Fall des Skelettmuskels mit den tiefer liegenden Fibrillen in der Faser (siehe Tafel 25). Herz- und Skelettmuskulatur sind somit mit spezialisierten intrazellulären Membransystemen ausgerüstet, die ohne Zweifel eine Rolle im Kontraktionsvorgang spielen.

[+] Aus dem Herz der Fledermaus
Vergrößerung 30 500fach

Literatur

FAWCETT, D. W., and C. C. SELBY: Observations on the fine structure of the turtle atrium. J. biophys. biochem. Cytol. **4**, 63 (1958).

NELSON, D. A., and E. S. BENSON: On the structural continuities of the transverse tubular system of rabbit and human myocardial cells. J. Cell Biol. **16**, 297 (1963).

SIMPSON, F. O., and S. J. OERTELIS: The fine structure of sheep myocardial cells; sarcolemmal invaginations and the transverse tubular system. J. Cell Biol. **12**, 91 (1962).

SJÖSTRAND, F. S., and E. ANDERSSON-CEDERGREN: Intercalated discs of heart muscle. In: The Structure and Function of Muscle (G. H. BOURNE, editor), vol. I, p. 421. New York: Academic Press 1960.

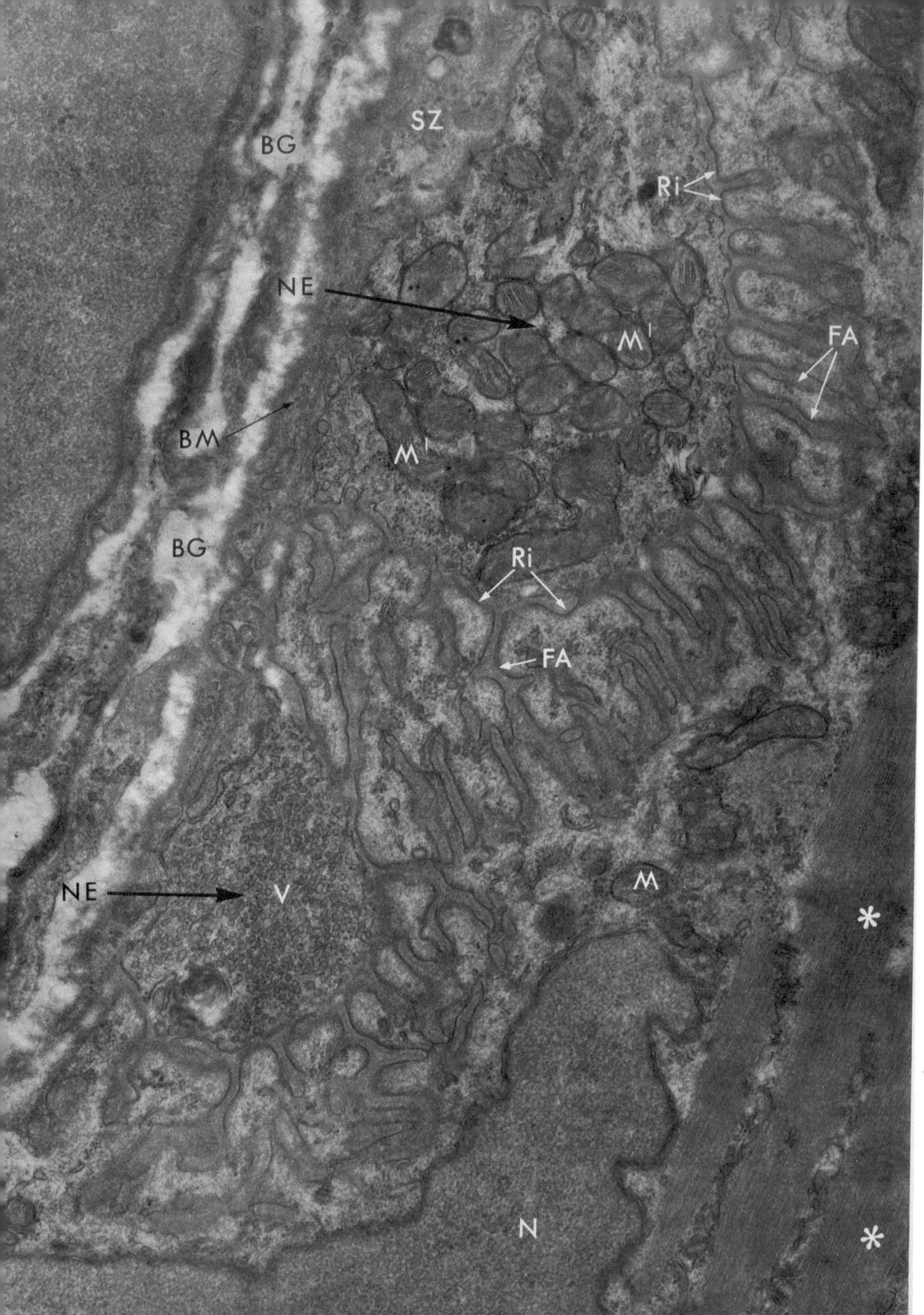

Tafel 27

Die motorische Endplatte[+]

Der Impuls zur Kontraktion wird durch Nervenfortsätze des motorischen Neurons an die Fasern des quergestreiften Muskels herangebracht, und die Kontaktzone dieser beiden Zelltypen ist mit speziellen Einrichtungen ausgestattet, welche die Überleitung vollziehen. In der vorliegenden Aufnahme ist die quergestreifte Muskelfaser durch einige Myofibrillen (*) dargestellt. Wo das terminale Axon an den Muskel herantritt, liegt es in einer Vertiefung, die man Trog oder Rinne (Ri) genannt hat und die in die Oberfläche der Faser einschneidet. Tiefe Einfaltungen des Sarkolemms, die man als Faltenapparat (FA) bezeichnet, erstrecken sich vom Boden der Rinnen in das darunterliegende Zytoplasma oder in das Grundplasma der Faser. In dieser Region der Faser können auch Mitochondrien (M) und der Kern (N) der Muskelzelle gefunden werden. Der subneurale Apparat, das heißt die Rinnen und der Faltenapparat sind von einem mäßig dichten, amorphen Material angefüllt, das der Bedeckung in anderen Zonen der Muskeloberfläche ähnlich ist und in diese übergeht; im wesentlichen handelt es sich um eine Basalmembran. Andererseits liegen die Nervenendigungen (NE) frei in dem Trog; keinerlei zelluläre Hüllschicht ist zwischen sie und die Muskelfaser geschaltet. Vielmehr sind die beiden Zellarten nur durch eine Lage des oben beschriebenen amorphen Materials voneinander getrennt. Die Schwannsche Zellschicht, welche das Axon bis in die Nähe der motorischen Endplatte umhüllt, läßt die Endigung des Axons frei und bleibt nur als lidförmige Bedeckung der Endplatte bestehen. Teile von Schwannschen Zellen (SZ) sind in der Abbildung sichtbar. Sie werden von einer Basalmembran (BM) und Bindegewebsfasern (BG) des Endomysiums umgeben. Diese strukturellen Beziehungen werden schematisch in Textabbildung 27a dargestellt.

An ihrer Spitze enthalten die Axone zahlreiche kleine, von einer Membran umhüllte, synaptische Bläschen (V) und viele Mitochondrien (M'). Da man diese Bläschen konstant sowohl in der Nähe der Kontaktzone zwischen Nerv und Muskel als auch in der Nähe von synaptischen Verbindungen im Nervensystem gefunden hat, haben sie beträchtliches Interesse erregt. Auf Grund dieser Befunde wird angenommen, daß diese Bläschen, die einen Durchmesser von 30 bis 40 mμ haben, eine humorale Übermittlersubstanz wie etwa Azetylcholin enthalten. Vornehmlich die Freisetzung der Übermittlersubstanz durch die präsynaptische Membran in den interzellulären subneuralen Raum würde Permeabilitätsänderungen und darauf folgend Änderungen des elektrischen Potentials durch die postsynaptische Membran auf den Muskel hervorrufen. Die daraus resultierende Erregung und ihre Ausbreitung entlang der Muskelfaser führt schließlich zur Kontraktion der Myofibrillen. Es gibt einiges Beweismaterial, daß diese Übermittlersubstanz in den Bläschen lokalisiert ist, doch bleiben noch verschiedene Fragen hierzu und über die Freisetzung der Übermittlersubstanz unbeantwortet. Neuere Untersuchungen mit Hilfe von histochemischen Methoden, die man für die Elektronenmikroskopie modifiziert hat, sind vielleicht etwas aufschlußreicher. Sie deuten darauf hin, daß Azetylcholinesterase, das Enzym, welches Azetylcholin inaktiviert, mit den Plasmamembranen des Axons und der Muskelfaser und mit den synaptischen Bläschen in Verbindung steht. Gegenwärtige Untersuchungen sollen ein klareres Verständnis von der Bedeutung dieser an der motorischen Endplatte beobachteten Strukturen liefern, Strukturen, welche Nerv und Muskel zu einer funktionellen Einheit verbinden.

[+] Aus dem Diaphragma der Ratte
Vergrößerung 32000fach

Literatur

BARRNETT, R. J.: The fine structural localization of acetylcholinesterase at the myoneural junction. J. Cell Biol. **12**, 247 (1962).

COUTEAUX, R.: Motor end-plate structure. In: The Structure and Function of Muscle (G. H. BOURNE, editor), vol. I, p. 337. New York: Academic Press 1960.

DEROBERTIS, E., G. RODRIGUES DE LORES ARNAIZ, L. SALGANICOFF, A. PELLEGRINO DE IRALDI, and L. M. ZICHER: Isolation of synaptic vesicles and structural organization of the acetylcholine system within brain nerve endings. J. Neurochem. **10**, 225 (1963).

Textabbildung 27a

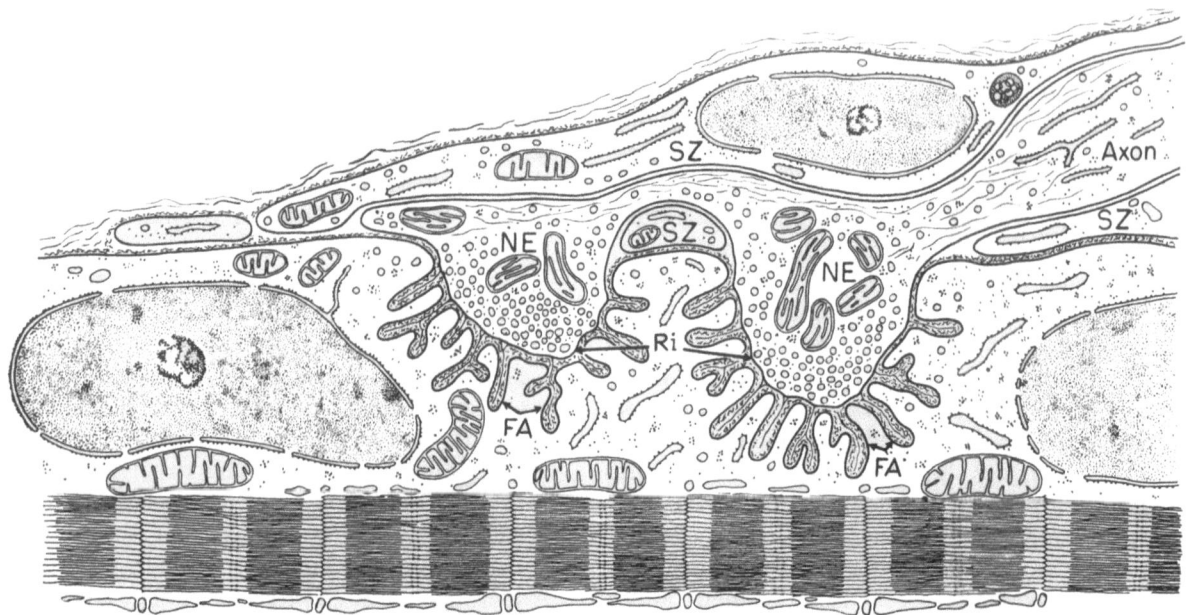

Diese Zeichnung zeigt schematisch die Beziehung von Muskelfaser, Nervenendigung und Schwannsche Zelle innerhalb der motorischen Endplatte. Sie basiert auf einem Diagramm von COUTEAUX, 1960. Ein kleiner Teil einer Muskelfaser wird in der unteren Hälfte der Abbildung gezeigt und kann an den Myofibrillen identifiziert werden. Auf beiden Seiten von den Wannen oder Rinnen (Ri), welche in die Oberfläche der Muskelzelle einschneiden, liegen Kerne. In der Zone der Wanne ist das Sarkolemm oder die Plasmamembran in Falten gelegt. Man bezeichnet das als Faltenapparat (FA), und das Material das ihn begrenzt, geht kontinuierlich in die Bedeckung des Sarkolemms über. Dieser Belag erinnert an eine Basalmembran und trennt die Muskelfaser von den Nervenendigungen (NE), die in der Rinne liegen. Wo das Axon die Zone der motorischen Endplatte erreicht, endet seine Myelinscheide, so daß das Neurolemm keine äußere Bedeckung hat außer den Schwannschen Zellen (SZ), welche lidförmig die Kontaktzone zwischen Muskel und Nervenzelle umschließen. Das Axoplasma der Nervenendigung enthält hauptsächlich eine große Anzahl von synaptischen Bläschen, die dichtgedrängt bis an die Kontaktzone zwischen der Plasmamembran der Nervenendigung und dem Sarkolemm, welche die Rinne auskleidet, angehäuft sind.

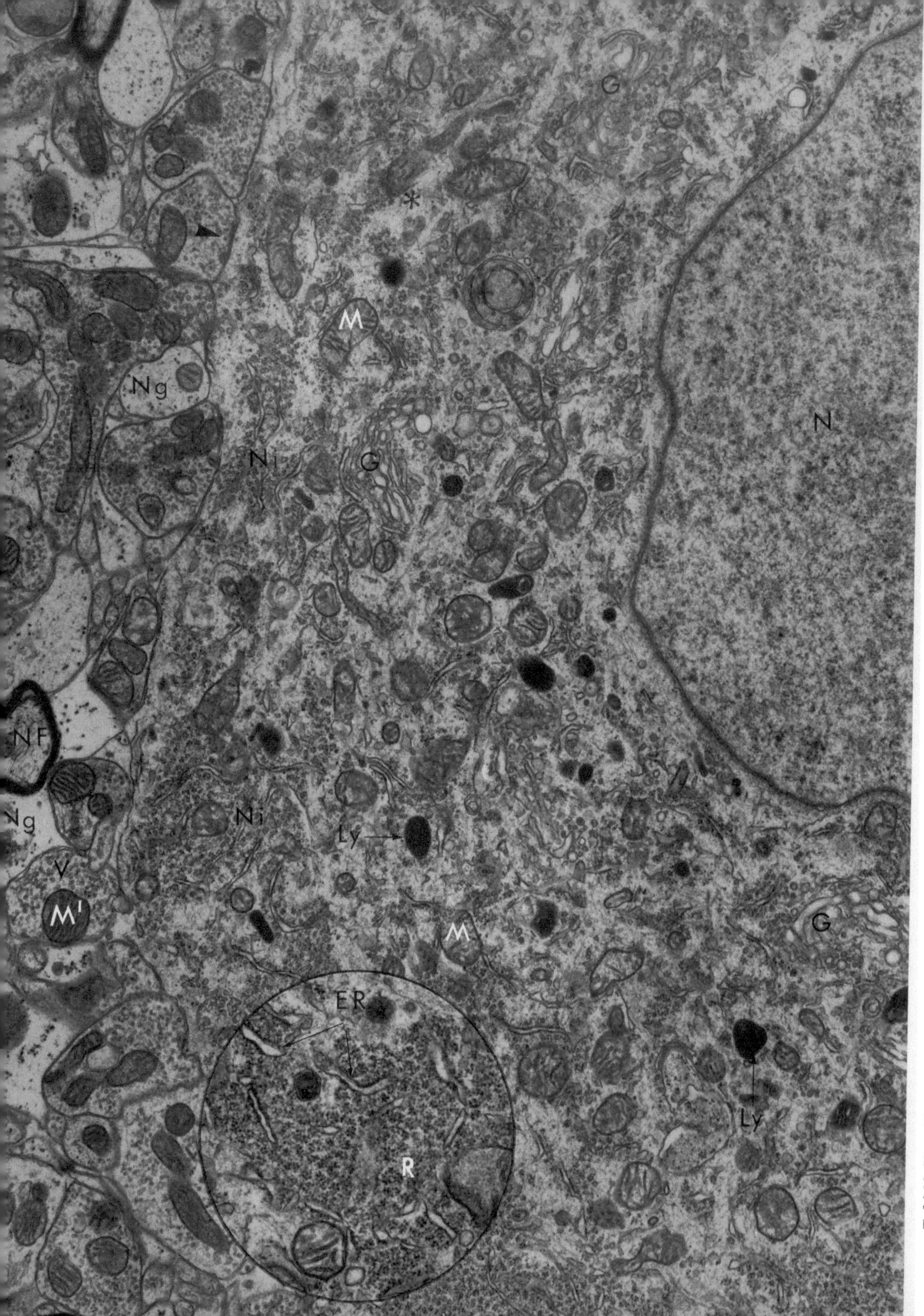

Tafel 28

Das motorische Neuron des Rückenmarks[+]

Die motorischen Neuren des Rückenmarks sind wie alle Nervenzellen sehr große Zellen. Nur ein kleiner Teil ihrer Gesamtgröße wird vom Kern und dem Perikaryon (dem Zytoplasma des Zellkörpers) repräsentiert, den größten Anteil machen Axone und Dentriten aus. Trotz dieser ungewöhnlichen Tatsache ist das Perikaryon von entscheidender Bedeutung für die beständige Funktion der gesamten Zelle. Es ist der Bildungsort für das Axoplasma und ebenso für das Plasma der Dentriten; die Regeneration der Nerven hängt vom unversehrten Funktionieren dieser zentralen Struktur ab.

Die vorliegende Aufnahme zeigt in der einen Hälfte das Perikaryon einer motorischen Nervenzelle, in der anderen Hälfte ihren großen Kern (N). Das Perikaryon ist reich an Organellen, die in ihrer morphologischen Struktur Variationen des in anderen Zellen gezeigten Grundaufbaues zeigen. Die Mitochondrien (M) sind klein, sehr zahlreich und mehr oder weniger gleichmäßig verteilt. Lysosomen (Ly) sind allgemein vorhanden. Der Golgi-Apparat (G), der in seiner Gesamtheit in diesen Zellen eine komplizierte retikuläre Struktur darstellt, erscheint auf Schnitten als über die Zelle verstreute Anschnitte von gestapelten Zisternen und Bläschen. Autoradiographische Untersuchungen haben gezeigt, daß im Falle der Nervenzelle der Golgi-Apparat nicht im Zusammenhang mit der Verdichtung von Proteinen für die Sekretion steht. Ansammlungen von Ribosomen, die mit Längsschnitten der Zisternen des ER verflochten sind, repräsentieren die basophilen Nissl-Körper (Ni), die für das Nervenzellzytoplasma typisch sind. Wie in dem Einsatzbild gezeigt wird, ist die Hauptmasse der Ribosomen (R) nicht an die Membranoberflächen des ER gebunden, und vornehmlich ihre Verteilung deutet darauf hin, daß sie sehr aktiv in der Synthese von Proteinen wirksam sind, die in der Nervenzelle für eigene Stoffwechselprozesse zurückbehalten werden. Dazwischenliegende Zonen des Zytoplasmas erscheinen weniger dicht als die Nissl-Substanz, und an günstigen Stellen sieht man, daß sie feine Filamente, die Neurofilamente (*) enthalten, die besonders häufig im Axoplasma gefunden werden. Ob sie Stützelemente sind oder in der Erregungsleitung eine Rolle spielen, konnte noch nicht aufgeklärt werden.

Im Gewebe des Rückenmarks kann man in Querschnitten direkt neben dem Nervenzellkörper zahlreiche Nervenfasern sehen. Einige von ihnen sind von Myelin umgeben (NF), das man als Hülle erkennen kann, andere sind es nicht. Die Herkunft und Struktur des Myelins wird an Hand von Tafel 29 besprochen. Die ganz eng der Oberfläche der Nervenzelle anliegenden Strukturen sind Nervenendigungen. Sie sind durch zahlreiche synaptische Bläschen (V) und einige wenige Mitochondrien (M') charakterisiert. In der Zone des funktionellen Kontakts zwischen Nervenzellelementen, das heißt in der Synapsenregion (Pfeil) sind die Plasmamembranen der Faser und der Nervenzelle intakt und durch einen Zwischenraum von 80 Å voneinander getrennt. Beide Membranen erscheinen dichter als die in nichtsynaptischen Gebieten. Da die Erregungsleitung nur in einer Richtung erfolgt (in diesem Fall von der Faser auf den Zellkörper), spielt die Synapse eine entscheidende Rolle im Gesamtgefüge des Nervensystems.

Im Zentralnervensystem werden die Nervenzellen und ihre Fortsätze von den Neurogliazellen gestützt und möglicherweise auch ernährt. Die kleinen Anschnitte von membranumhülltem Zytoplasma (Ng), das gelegentlich ein Mitochondrium, spärlich verteiltes filamentöses Material, kleine Bläschen des endoplasmatischen Retikulum und dunkelgefärbte Glykogenpartikel enthält, gehören möglicherweise zu diesen Neurogliazellen.

[+] Aus dem Rückenmark der Fledermaus
Vergrößerung 16000fach

Literatur

BODIAN, D., and R. C. MELLORS: The regenerative cycle of motoneurons with special reference to phosphatase activity. J. exp. Med. **81**, 469 (1945).

DEITCH, A. D., and M. J. MOSES: The Nissl substance of living and fixed spinal ganglion cells. J. biophys. biochem. Cytol. **3**, 449 (1957).

—, and M. R. MURRAY: The Nissl substance of living and fixed spinal ganglion cells. I. A phase contrast study. J. biophys. biochem. Cytol. **2**, 433 (1956).

PALAY, S. L.: The morphology of synapses in the central nervous system. Exp. Cell. Res., Suppl. **5**, 275 (1958).

—, and G. E. PALADE: The fine structure of neurons. J. biophys. biochem. Cytol. **1**, 69 (1955).

ROBERTSON, J. D., T. S. BODENHEIMER, and D. E. STAGE: The ultrastructure of Mauthner cell synapses and nodes in goldfish brains. J. Cell Biol. **19**, 159 (1963).

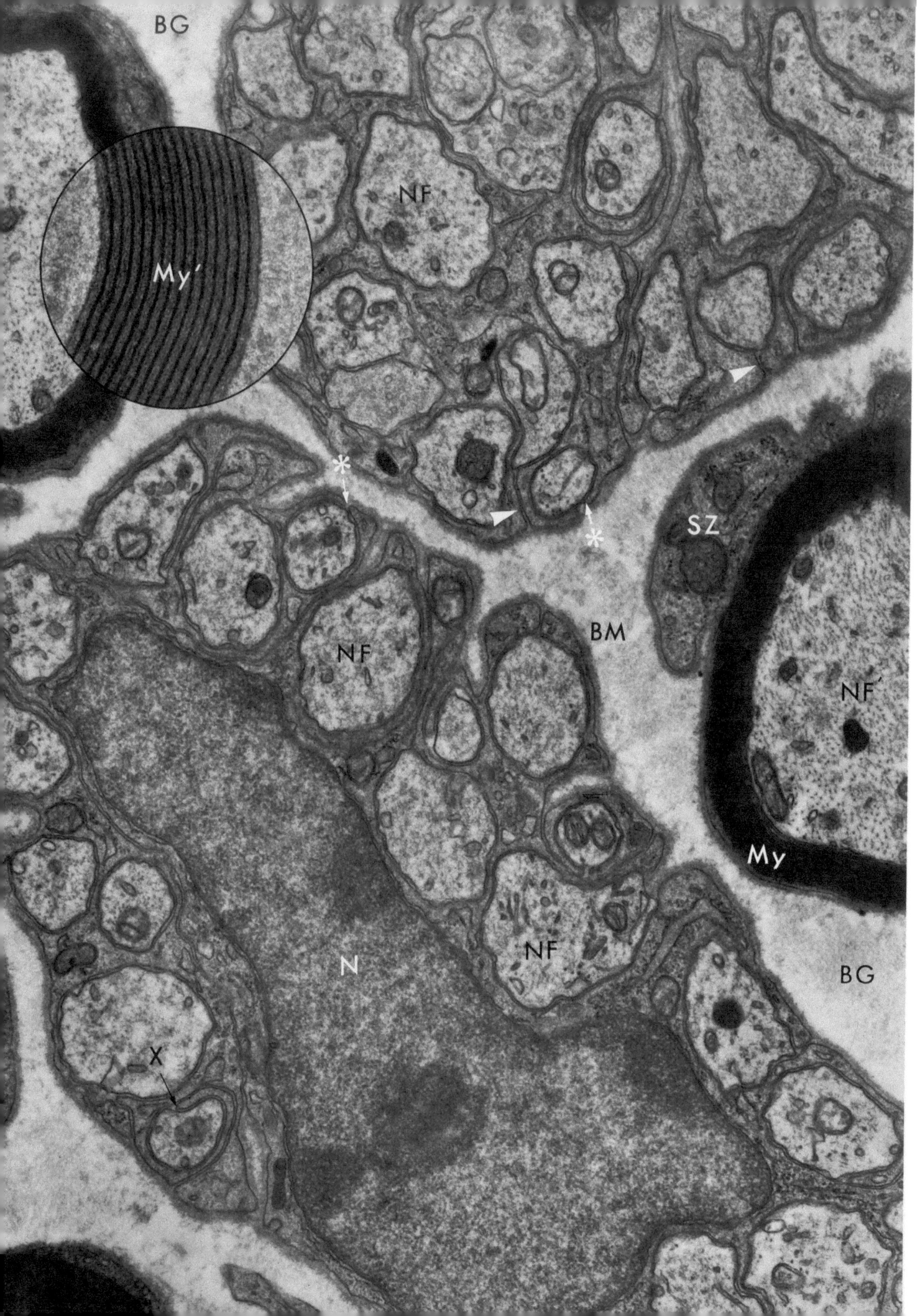

Tafel 29

Periphere Nervenfaser [+]

Die langen Fortsätze (Fasern) der Nervenzelle sind zu einem Bündel zusammengefaßt und bilden so die „Nerven" der makroskopischen Anatomie. Auf Querschnitten durch solche Nerven kann man, wie in der vorliegenden Aufnahme gezeigt wird, die Beziehung der Fasern zu besonderen Hüllen, Bedeckungen und stützendem Bindegewebe gut studieren. So hat man erkannt, daß die kleinen, langsam leitenden Nervenfasern nicht „nackt" sind, wie man früher annahm, sondern vielmehr von Zytoplasma der Schwannschen Zellen umschlossen werden. Querschnitte von vielen Nervenfasern (NF) können um den Kern (N) einer einzelnen Schwannschen Zelle liegen, und jede der Fasern ist von zytoplasmatischen Fortsätzen der Hüllzelle umwickelt. An günstigen Stellen kann man die Plasmamembran der Schwannschen Zelle im Zusammenhang verfolgen, wie sie sich von der Oberfläche aus einfaltet und die Faser umgibt (*). Wo die Faser tief in die Schwannsche Zelle eingebettet ist, wird durch die Anlagerung von Zytoplasmalippen der Schwannschen Zelle ein enger Kanal gebildet (Pfeile). Der Kanal und die ihn begrenzenden Membranen bilden das Mesaxon.

Größere Nervenfasern mit höherer Leitungsgeschwindigkeit (NF′) werden von einer Myelinscheide (My) umhüllt. Die Bildung dieser Hülle und ihre Beziehung zur Nervenfaser wurde in den vergangenen Jahren durch Untersuchungen der Feinstruktur weitgehend aufgeklärt. Kürzlich hat man gefunden, daß die Lamellen der Scheide (siehe Einsatzbild, My′) aufeinanderfolgende Lagen der Plasmamembran der Schwannschen Zelle darstellen. In dieser Aufnahme deutet das Bild bei X darauf hin, wie diese Hülle zustande kommt. Man sieht, daß die Zytoplasmalippe der Schwannschen Zelle sich um die Faser herumdreht und so das Mesaxon sehr verlängert wird und eine spiralige Umhüllung bildet. Das Zytoplasma wird gewissermaßen zwischen den Lagen des Mesaxon ausgepreßt, und diese scheinen sich so zu vereinigen. Deshalb sind die größeren Fasern, genau wie im Fall der kleinen Fasern von einer Hülle aus lebenden Zellen umschlossen. Teile der umhüllenden Schwannschen Zelle (SZ) können in der Peripherie der Scheide erkannt werden.

Jede Schwannsche Zelle ist von einer amorphen Basalmembran (BM) umgeben, die sie von dem Bindegewebe (BG) des Endoneuriums trennt.

[+] Aus der Haut der Laboratoriumsmaus
Vergrößerung 27 500fach
Einsatzbild 115 000fach

Literatur

ELFVIN, L.-G.: Electron microscopic investigation of the plasma membrane and myelin sheath of autonomic nerve fibers in the cat. J. Ultrastruct. Res. 5, 388 (1961).

GASSER, H. S.: Properties of dorsal root unmedullated fibers on the two sides of the ganglion. J. gen. Physiol. 38, 709 (1955).

GEREN, B. B.: The formation from the Schwann cell surface of myelin in the peripheral nerves of chick embryos. Exp. Cell Res. 7, 558 (1954).

ROBERTSON, J. D.: The ultrastructure of adult vertebrate peripheral myelinated nerve fibers in relation to myelinogenesis. J. biophys. biochem. Cytol. 1, 271 (1955).

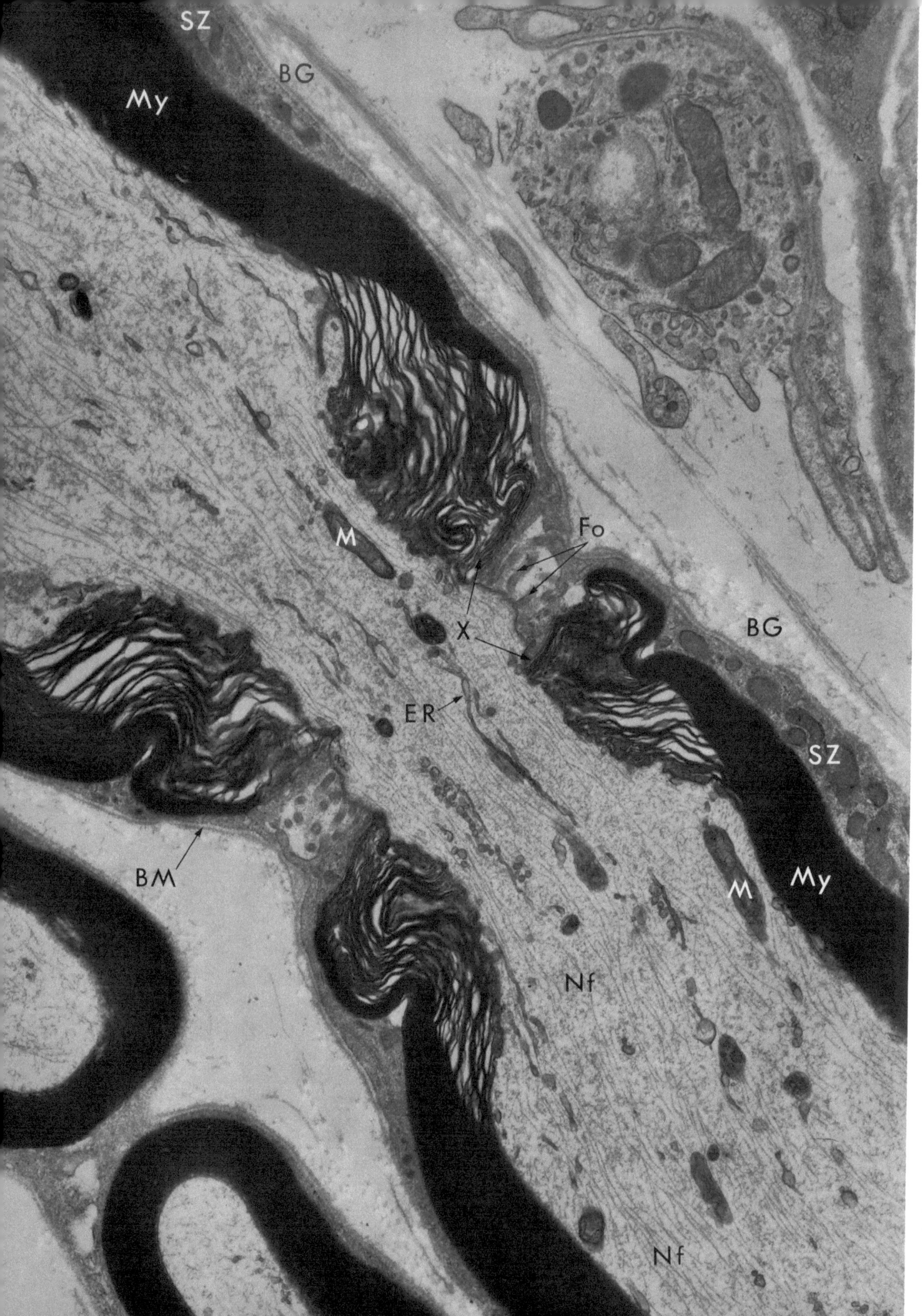

Tafel 30

Der Ranviersche Schnürring [+]

Die Myelinscheide der peripheren Nervenfortsätze (Fasern) ist in regelmäßigen Abständen unterbrochen, und die Lücke in der Umhüllung wird in der Literatur als Ranviersche Schnürring bezeichnet. Nachdem man die Natur der Myelinscheide besser verstehen gelernt hat (siehe Tafel 29), ist man auch im Verständnis dieser Knotenstruktur weiter gekommen. Man hat zum Beispiel gefunden, daß eine einzelne Schwannsche Zelle mit jedem Segment der Nervenfaser verbunden ist. Die Myelinscheide, die sich aus aufeinanderfolgenden Lagen von Plasmamembranen der Schwannschen Zelle ergibt, bildet eine geschlossene Röhre (My) um die meisten internodalen Gebiete. In der Nähe des Schnürrings endet das Zytoplasma der Schwannschen Zelle an den ausgestreckten Rändern der Hüllschichten und bildet eine Reihe von lippenförmigen Falten (X), welche die Faser umhüllen. In der Region des Schnürrings selbst verzweigen sich nur fingerförmige Fortsätze (Fo) von benachbarten Schwannschen Zellen und bedecken die Zone des Knotens. Eine Basalmembran (BM) und Bindegewebsfasern (BG) des Endoneuriums vervollständigen die Umhüllung der Faser. Folglich ist am Knoten die Membran des Axons frei von Myelin und den interstitiellen Flüssigkeiten, die durch die Basalmembran und zwischen den Schwannschen Zellfortsätzen durchdiffundieren, ausgesetzt.

Die Leitungsgeschwindigkeit der markhaltigen Faser übertrifft die der nichtmyelinisierten. Entsprechend einer heute allgemein anerkannten Theorie findet die Depolarisation der markhaltigen Nervenfaser nur in der Gegend des Schnürrings statt, wo die Lipoproteinhülle des Myelins, die als Isolator wirkt, fehlt. Deshalb kann der Strom nur in der Gegend der Knoten fließen und die Erregungsimpulse „springen" von Schnürring zu Schnürring. Dieses Phänomen nennt man deshalb saltatorische Erregungsleitung. Man hat eine weitgehende Übereinstimmung zwischen der Feinstruktur des Knotens, welche mit dem Elektronenmikroskop studiert wurde, und einer Unzahl von physiologischen Daten gefunden.

Über die Vorgänge im Axon, die mit der Erregungsleitung in Verbindung stehen, weiß man weniger genau Bescheid. Das Axoplasma ist, wie man beobachten kann, reich an Neurofilamenten (NF) und enthält spärlich Elemente des ER und nur wenige dünne Mitochondrien (M).

[+] Aus dem Nervus ischiadicus der Maus
Vergrößerung 22 500fach

Literatur

ELFVIN, L.-G.: The ultrastructure of the nodes of Ranvier in cat sympathetic nerve fibers. J. Ultrastruct. Res. **5**, 374 (1961).

ROBERTSON, J. D.: Preliminary observations on the ultrastructure of nodes of Ranvier. Z. Zellforsch. **50**, 553 (1959).

UZMAN, B. G., and G. NOGUEIRA-GRAF: Electron microscope studies of the formation of nodes of Ranvier in mouse sciatic nerves. J. biophys. biochem. Cytol. **3**, 589 (1957).

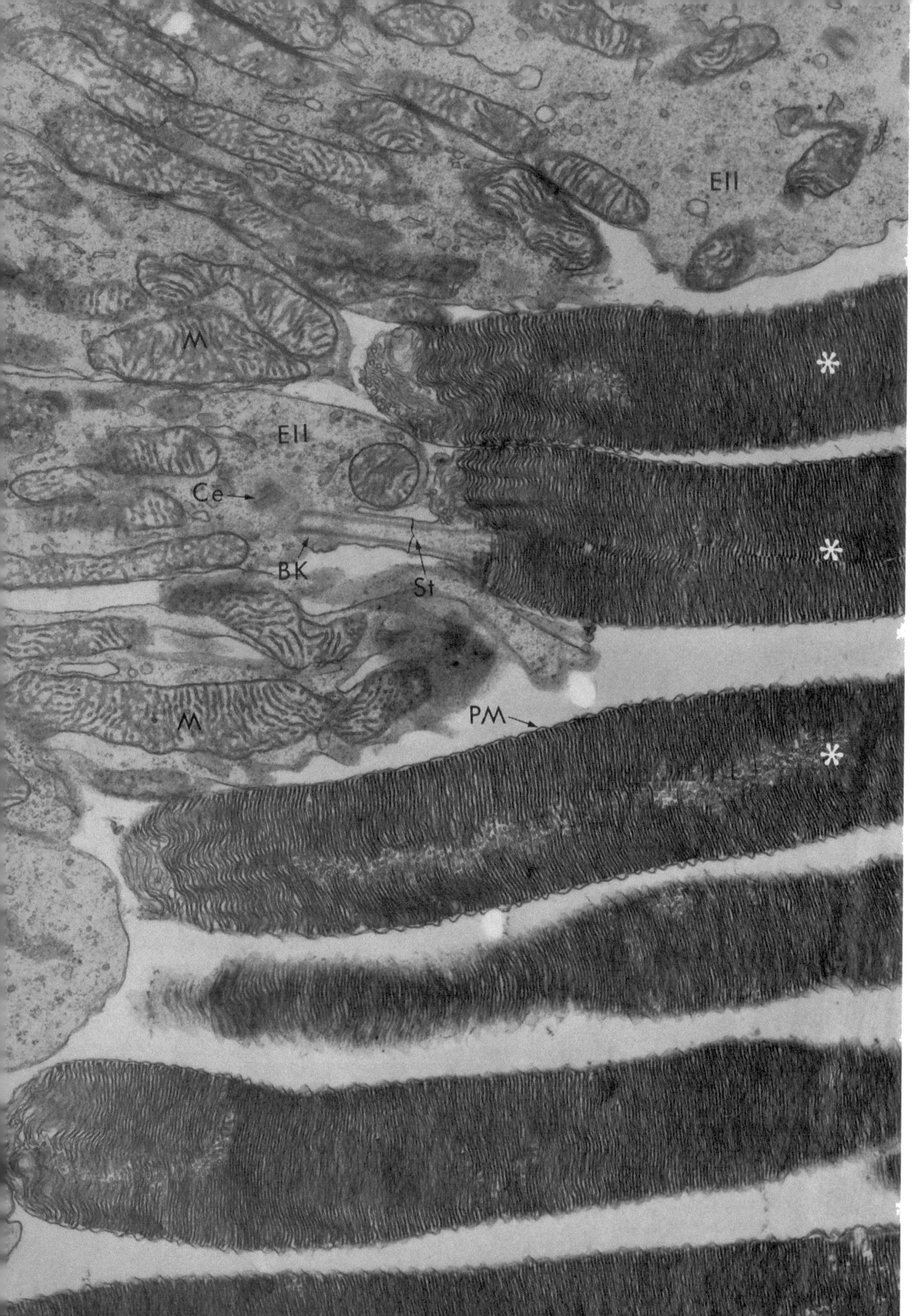

Tafel 31

Die Stäbchenzellschicht der Retina[+]

Das Sinnesepithel der Retina ist aus höchst spezialisierten photosensiblen Zellen aufgebaut, die auf Grund der Form ihrer äußersten Segmente in der Literatur als Stäbchen und Zapfen bezeichnet werden. In der vorliegenden Aufnahme wird nur die Stäbchenschicht zusammen mit den Zellausläufern, die sie tragen, gezeigt, da die Retina der Känguruh-Ratte nur aus Stäbchen aufgebaut ist. Andere Teile der Stäbchenzelle, welche den Kern enthalten und das Axon dieser Sinneszelle darstellen, erstrecken sich über das Bild zur linken Seite hinaus und vermischen sich dort mit anderen Zellen des Retinaepithels.

Am interessantesten sind die äußeren Segmente (*), von denen Teile von sechs Zellen gezeigt werden. Sie sind schmale, zylindrische Strukturen, die 2 μ im Durchmesser und 40 bis 60 μ in der Länge messen. Sie besitzen eine umhüllende Membran (PM), die in diejenige der Stäbchenzelle über einen zarten Verbindungsstil (St) übergeht. Letzterer hat den Aufbau einer Zilie (siehe Tafel 7) und geht von einem intrazellulären Basalkörperchen (BK) aus. Dicht daneben kann man einen Teil eines Zentriols (Ce) erkennen, welches stets mit dem Basalkörperchen in Verbindung steht. Das bemerkenswerte Kennzeichen des äußeren Segmentes der Stäbchen, die sehr früh mit dem Elektronenmikroskop untersucht wurden, ist der geschichtete Aufbau seines Inhalts. Man sieht im wesentlichen Stapel von dünnen, membranösen Säckchen. Sie sind von münzförmigem Bau mit einigen zentralen Perforationen und einigen Verzahnungen am Rand. Die mit der Biochemie des Sehens im Zusammenhang stehenden Pigmente werden in und auf diesen Membranen gefunden.

Neben diesen äußeren Segmenten der Stäbchen zeigt die Aufnahme oben links Teile von einzelnen Stäbchenzellen, welche das äußere Segment tragen und Ellipsoide (Ell) genannt werden. Sie enthalten in charakteristischer Weise auch hier viele Mitochondrien (M).

[+] Aus der Retina der Känguruh-Ratte (Dipodomys ordi)
Vergrößerung 30000fach

Literatur

DeRobertis, E.: Electron microscope observations on the submicroscopic organization of the retinal rods. J. biophys. biochem. Cytol. **2**, 319 (1956).

Sjöstrand, F. S.: The ultrastructure of the outer segments of rods and cones of the eye as revealed by the electron microscope. J. cell. comp. Physiol. **42**, 15 (1953).

— Electron microscopy of the retina. In: The Structure of the Eye (G. K. Smelser, editor), p. 1. New York: Academic Press 1961.

Wald, G.: General discussion of retinal structure in relation to the visual process. In: The Structure of the Eye (G. K. Smelser, editor), p. 101. New York: Academic Press 1961.

Tafel 32
Das Riechepithel +

Die Fähigkeit, die Vielzahl der Geruchstoffe in der Umwelt auseinander zu halten, hängt weitgehend vom Funktionieren des mehrreihigen Epithels ab, welches das Dach der Nasenhöhle auskleidet. Die Rezeptorzellen dieses Epithels sind außerordentlich sensibel für die Art und Menge des Stoffes, den sie ermitteln. Der Mechanismus, mit dessen Hilfe diese bemerkenswerte Unterscheidung vollzogen wird, ist unbekannt. Es ist nicht einmal sicher, welche Struktur oder Strukturelemente der Rezeptorzelloberflächen damit im Zusammenhang stehen. Alles was bekannt ist, deutet darauf hin, daß gewisse bipolare Nervenzellen im Epithel so differenziert sind, daß sie auf Chemostimulation reagieren und daß der Unterscheidungsvorgang auf einer primären Reaktion zwischen der betroffenen Zelloberfläche (oder ihren Ausläufern) und dem reizenden Agens beruht. Es ist dann die Aufgabe der Nervenzelle, diese Reaktion mit dem Stimulans in eine Reihe von Nervenimpulsen umzuwandeln, die vom Gehirn als bestimmte Substanz in starker oder schwacher Konzentration dann interpretiert wird.

Wenn man diese Tatsache im Auge behält, ist es in gewisser Weise überraschend, die Zelle, welche diese vielseitige Aufgabe erfüllt, relativ einfach gebaut zu finden. Ihre zentrale Zellmasse, die den Kern enthält, liegt innerhalb der anderen Zellen dieses Zylinderepithels etwa in der Mitte zwischen beiden Oberflächen (siehe Textabbildung 32a). Vom distalen Pol dieser Zelle ragt ein zarter Fortsatz, den man Riechkegel nennt, innerhalb der Spalten zwischen den umgebenden Stützzellen hindurch bis zur freien Oberfläche. An seiner äußersten Spitze streckt sich dieser dentritische Fortsatz ein wenig über die Epitheloberfläche hinaus und bildet eine knollige Endigung, welche den für die Chemorezeption spezialisierten Teil der Zelle darstellt. Vom anderen Ende des Zellkörpers aus erstreckt sich ein noch feinerer Fortsatz, die Nervenfaser, aus dem Epithel heraus in die Lamina propria, wo er sich mit anderen verbindet, um den Nervus olfactorius zu bilden. Jede Rezeptorzelle mit ihrem Axon wirkt als unabhängiger Kanal, über den Sinneseindrücke zu höheren Koordinationszentren des Gehirns geleitet werden.

Die anderen Zellen, welche die Hauptmasse des Riechepithels ausmachen, werden seit langem als Stützzellen bezeichnet, weil sie die Integrität des Epithels aufrechterhalten. Die Zellen produzieren zum Teil die Schleimschicht, die das Epithel bedeckt, und üben so eine synthetisierende und sekretorische Funktion aus. Die Kerne dieser schlanken zylindrischen Zellen liegen im allgemeinen über den Kernen der Nervenzellen (Textabbildung 32a).

Die beiliegende Tafel soll den am meisten interessierenden Teil des Epithels, nämlich die freie Oberfläche, wo die Chemorezeption stattfindet, zeigen. Folglich schließt die ganze Aufnahme auch die apikalen Pole von einigen Stützzellen mit großen Schleimtropfen (SchT) und die Riechkegel (RK) von drei Rezeptorzellen ein. Zwei dieser Kegel erstrecken sich über die freie Oberfläche des Epithels hinaus und enden in kolbenförmigen Auftreibungen, die nicht sehr passend Riechbläschen (RB) genannt werden. Das Zytoplasma dieser Nervenzellen enthält die auch sonst allgemein in dentritischen Fortsätzen gefundenen Strukturen. Die Mitochondrien (M) sind schlank gebaut und tendieren dazu, sich in der Zellregion direkt unter der freien Oberfläche anzusammeln. Das elektronendichte, vereinzelt liegende Material ist wahrscheinlich Glykogen. Daneben sieht man einige Anschnitte des dünnen ER. Und schließlich gibt es zahlreiche Neurotubuli (Mt) von 200 Å Durchmesser, die möglicherweise bei den Transportvorgängen des Zytoplasma oder besser der Grundsubstanz dieser schlanken Zellausläufer eine Rolle spielen.

Man sieht deutlich, daß die freien Oberflächen der Stütz- und der Rezeptorzellen unterschiedlich sind. Von den zuerst genannten erstrecken sich lange, schlanke Mikrovilli (Mv) von 50 mμ Durchmesser in die dicke Schleimschicht hinein. Den kolbenförmigen dentritischen Endigungen (RB) fehlen diese Mikrovilli, sie haben dafür einige Zilien (C), 10 bis 20 pro Zelle, die leicht an Hand des in Querschnitten deutlich hervortretenden „9+2-Komplex" (siehe Tafel 7) identifiziert werden. Die Zilien gehen von Basalkörperchen in der Außenzone der Zelle aus und erstrecken sich vom oberen Rand des Kolbens in alle Richtungen. Einige von ihnen sind extrem lang (100 bis 200 μ), während von anderen berichtet wird, daß sie kürzer (20 μ) und beweglich sind. Die längeren erstrecken sich bis zur Grenze der Schleimschicht (Pfeile), biegen scharf in die Ebene dieser Oberfläche um und werden Bestandteil eines Netzwerks aus feinen ziliaren Endigungen. Die Spitzen haben weniger als die Hälfte des Durchmessers, und an die Stelle des 9+2-Komplexes der Filamente, den man im basalen Teil der Zilie findet, tritt ein ungeordnetes Bündel von Mikrotubuli.

Man ist sich allgemein unter den Physiologen einig, daß diese schlanken Zilien mit ihren distalen Enden, die genau innerhalb der Oberfläche der Schleimschicht gelegen sind, als erste auf Geruchsstoffe reagieren. Das führt uns zu der Frage, wie die Nervenerregung entsteht und wie eine Unterscheidung der Stoffe vollzogen wird. Die zur Erklärung dieser Phänomene vorgeschlagenen Theorien sind zu zahlreich, um hier erörtert zu werden, jedenfalls hat die Mehrheit der experimentellen Nachprüfung nicht standgehalten. Eine allgemein gebräuchliche Vorstellung unter den Erforschern des Riechvorganges schlägt 7 bis 10 primäre Geruchsstoffe vor, die besser auf die geometrische Anordnung der erregenden Moleküle als auf Einzelheiten ihrer chemischen Konstitution oder Struktur zurückgeführt werden können. Die feinsinnigen psychologischen Interpretationen der, sagen wir einmal, Gerüche leiten sich von Kombinationen dieser 7 bis 10 primären Riechstoffe ab. Eine Spekulation über die Rolle der Zellstrukturen bei der Unterscheidung der Gerüche schlägt vor, daß verschiedenartige Rezeptorzellen auf Kombinationen der primären Geruchsstoffe auf Grund einer unterschiedlichen Verteilung der primären Rezeptororgane reagieren; diese werden möglicherweise von unterschiedlichen Zilien und ihren schlanken Endigungen repräsentiert. (Die elektronendichte Zone bei X stellt einen Steg des Trägernetzes dar.)

[+] Aus dem Riechepithel des Leopardenfrosches, Rana pipiens
Vergrößerung 20000fach

Literatur

AMOORE, J. E., J. W. JOHNSTON jr., and M. RUBIN: The stereochemical theory of odor. Sci. Amer. **210**, No. 2, 42 (1964).

GASSER, H. S.: Olfactory nerve fibers. J. gen. Physiol. **39**, 473 (1955).

GESTELAND, R. C., J. Y. LETTVIN, W. H. PITTS, and A. ROJAS: Odor specificities of the frog's olfactory receptors. In: Olfaction and Taste (Y. ZOTTERMAN, editor), Wenner-Gren Center International Symposium Series, vol. 1, p. 19. New York: The Macmillan Co. 1963.

LE GROS CLARK, W.: Inquiries into the anatomical basis of olfactory discrimination. Proc. roy. Soc. B. **146**, 299 (1957).

LORENZO, A. J. D. DE: Studies on the ultrastructure and histophysiology of cell membranes, nerve fibers and synaptic junctions in chemoreceptors. In: Olfaction and Taste (Y. ZOTTERMAN, editor), Wenner-Gren Center International Symposium Series, vol. 1, p. 5. New York: The Macmillan Co. 1963.

OTTOSON, D.: Generation and transmission of signals in the olfactory system. In: Olfaction and Taste (Y. ZOTTERMAN, editor), Wenner-Gren Center International Symposium, vol. 1, p. 35. New York: The Macmillan Co. 1963.

Textabbildung 32a

Diese photographische Aufnahme zeigt die mikroskopische Anatomie des gesamten Riechepithels. Sie wurde von einem $1/2\,\mu$ dicken Schnitt gemacht, der mit Toluidinblau gefärbt war. Die schlanken, hellgefärbten Elemente, die bis an die freie Oberfläche des Epithels und darüber hinaus reichen (Pfeile), stellen die Riechkegel der bipolaren Rezeptorzellen dar. Sie sind zwischen die dunkler gefärbten Stützzellen eingekeilt, welche die Hauptmasse des oberen Drittels dieses mehrreihigen Epithels ausmachen. Schlanke Fortsätze erstrecken sich von den Stützzellen zur Basalmembran. Es ist deutlich zu sehen, daß die Kerne und Zellkörper der bipolaren Zellen unterhalb der Stützzellen zu liegen kommen. Eine Lage von Bindegewebe (BG) liegt unter dem Epithel. Das auf der rechten Seite befindliche Gewebe (Z) ist ein Teil der Bowmanschen Drüse, die den Schleim für die Oberfläche produziert und sezerniert, in den die Zilien (nur schwach zu sehen) eingebettet sind. Die in dieser Aufnahme abgebildete Schicht ist ungefähr $20\,\mu$ dick.

Die elektronenmikroskopische Aufnahme auf Tafel 32 umfaßt nur ein kleines Gebiet des Epithels, etwa das von Klammern umschlossene.

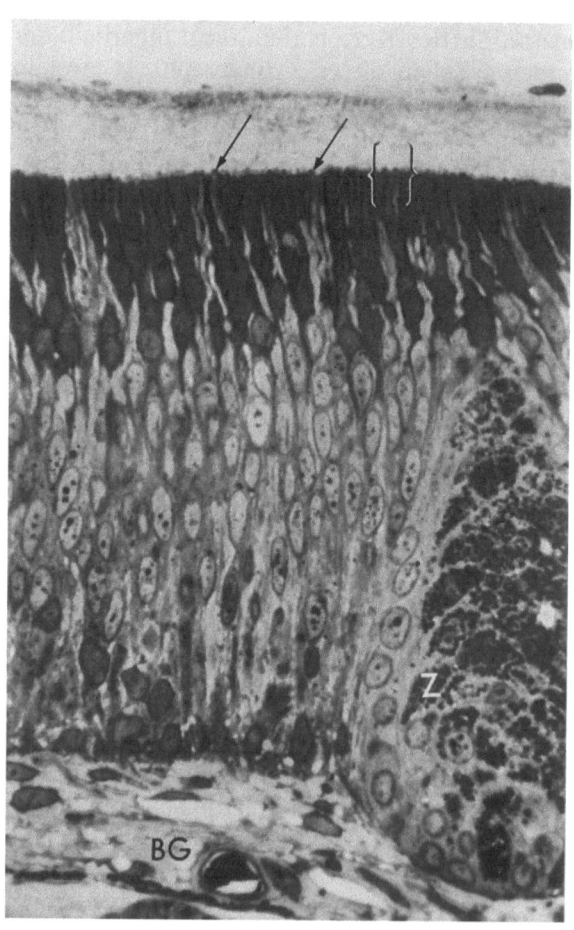

Photographische Aufnahme von Dr. T. S. REESE
Vergrößerung etwa 600fach

If you have any concerns about our products,
you can contact us on
ProductSafety@springernature.com

In case Publisher is established outside the EU,
the EU authorized representative is:
**Springer Nature Customer Service Center GmbH
Europaplatz 3, 69115 Heidelberg, Germany**

Printed by Libri Plureos GmbH
in Hamburg, Germany